赤祖父俊一　監修

一生に一度は見たい絶景の楽しみ方

オーロラ・ウォッチング
ガイド

Aurora

目次

Aurora

第3章 オーロラを撮りに行こう　81

第4章 オーロラ鑑賞地ガイド　111

輝く星空のなか、アイスランドのスコゥガフォスの滝の上に伸びるように現われたオーロラ。堂々と流れる滝と連なる丘陵が光を発しているような錯覚を覚える。鮮やかな緑と紫のオーロラの向こうには、北斗七星が浮かんでいる。

満月過ぎの月光がアイスランドのヴァトナ氷河を照らし出すなか、まぶしいオーロラが渦を巻いて、波打つような光芒が上空を覆った。強烈な月光に負けないオーロラは蛍光グリーンの光を放って輝いていた。

北東の空から現われたオーロラは次第に明るさを増し、光の帯は凍てつく大地と木々をまたぐように北西の空へと伸び、オーロラの道を作っていく。折り重なり細かく揺れ動く筋状のレイ構造がはっきりと見えた。

夜半過ぎ、山の向こうにオーロラが現われ、広がっていく。凍った川面に鮮やかなオーロラの黄緑色と木星の光が映し出され、時おり、パキパキと氷が高い音を立てている。川面から立ち昇る水蒸気が遠くの山を霞ませていた。

明け方、激しいオーロラが活動したあと、パッチ型
の脈動オーロラが現われた。オーロラの形と色がせ
わしなく変わっていく。肉眼でははっきりと見えない
緑の筋が、写真にはくっきりと写った。

アラスカの北極圏、ブルックス山脈で過ごす夜。山の彼方から光の束がうごめきながら湧いてきた。1本1本、それぞれが動きながら押し寄せるオーロラは、まるで生き物のようだ。

14

第 1 章
オーロラって何？

オーロラの不思議な色と形。

オーロラはどうして光るの？

そもそも、オーロラって何？

まずはオーロラについて知ることから始めましょう。

Capter.1

オーロラのきほん

オーロラには不思議がいっぱい。
まずはオーロラのしくみと、その姿を見ていきましょう。

■オーロラって何？

　オーロラは、簡単にいえば、太陽から飛んできた電気を帯びた粒子（プラズマ）が地上の上層大気と衝突したときに引き起こされる放電現象です。太陽から放出されたプラズマ＝太陽風が地球の大気圏に突入し、そのときに発せられる光がオーロラなのです。

■オーロラの色

　オーロラの色といえば、何色でしょう？　緑色？　あるいはさまざまな色の混じった、カラフルなものを思い浮かべる人もいるかもしれません。オーロラの色には非常に多くのバリエーションがあります。それらの色は、太陽からやって来たプラズマ粒子が、地球の上層大気中にあるどの原子（分子）と、どのようにぶつかるかによって決まります。

　オーロラの色は、大きく分けると青、緑、赤からなります。カーテン状に見えるオーロラの最上部は赤、カーテンのすその部分はピンク、その間は緑白色です。このようにオーロラの場所（高さ）で色が違うのは、高度によって大気中の原子・分子の種類とその密度が異なることに加え、酸素の発光の仕方が異なるためです。

　高度の高い部分では大気が薄く、大気中の酸素原子の割合が大きいため、赤く発光しやすくなります。もう少し高度の低い部分では、窒素と酸素が発光した青色、赤色、そして緑色とが混ざり合って緑白色の光となります。また、高度の低いカーテン状オーロラのすその部分では、大気中の分子の密度が高く、酸素は発光することができません。すその部分に見られるピンクがかった色は、窒素の発光する赤と青色が混ざったものです。

　また同じ原子でも、オーロラの高度やぶつかるプラズマ粒子のスピード、つまり原子と衝突したときにもらうエネルギーの大きさによっても色は変わります。たとえば酸素原子からは赤い色も出ますが、オーロラの上部だけが

激しく変化するオーロラ

肉眼でも赤色に見えたとても活発なオーロラ

はっきりとしたオーロラ

赤くなっていたり、大きなエネルギーを受けてオーロラの活動が非常に活発
になると、全天に真っ赤なオーロラが現われたりします。

　なお、オーロラの写真で見られるようなとてもカラフルな色は、肉眼で同
じように見えるとは限りません。個人差も大きく、とくに赤色のオーロラは、
肉眼では認識しにくいとされています。

■オーロラの形

　オーロラにはさまざまな形がありますが、大きく分けると次の3つのタ
イプに分類されます。

1. はっきりしたオーロラ（discrete）

　おなじみのカーテン状オーロラやコロナ（冠状）、アーク（弧状）、レイ（細
い線状）、サージ（大波状）などはすべてこのタイプです。

2. ぼんやりしたオーロラ（diffuse）

　薄くて形がはっきりしないため、色もよくわからず白っぽく見え、雲と間
違えやすいタイプです。オーロラの活動が弱いときに見られます。

ぼんやりしているオーロラ

3. 脈動オーロラ（pulsating）

　チカチカと点滅を繰り返すタイプ。大きなオーロラが出た後や明け方に多く見られます。

　オーロラのなかでもっともよく知られるカーテン状オーロラは、縦に何本もの筋状のヒダがあることと、下縁の形がはっきりしているのが特徴です。上下のヒダは地球の磁力線の方向を表わし、カーテンも一重のものから二重、三重、渦巻き状などがあります。

　このカーテン状オーロラを真下から見上げたときに見られる形が、コロナ型のオーロラです。頭上から放射状に降りそそぐように見え、中心部ほど赤っぽく見えます。また、弧を描くアーク型のオーロラは、カーテン状オーロラを遠くから見たときの形です。元は同じカーテン状のオーロラでも、見る位置や角度によって違った形に見えているのです。

　また、大波状オーロラは、文字どおり波のうねりのような構造を持つダイナミックなオーロラです。大きいものだと長さ1000km規模のものもあり、秒速1〜2kmの高スピードで東から西へと移動します。

■オーロラの見え方

　オーロラを実際に見ていると、その形は刻々と変わり、なかなか目を離すことができません。オーロラの形はいろいろありますが、実は同じオーロラでも、どの位置から見ているかで、オーロラの見え方が変わるのです。

　下図のA地点からは、オーロラがはるか遠くにあるので、北の空の地上低くにカーテン状オーロラが見えています。オーロラ活動が静かなときであれば、オーロラは輝度の一様なカーテンが空から垂れ下がっているように見えます。オーロラの活動性が増し、オーロラがアーチ状になってくると、レイとよばれる縦縞のヒダが見られるようになります。

　同じオーロラをA地点よりもオーロラに近いB地点から見ると、カーテン状のオーロラが地平線から高い位置に出ているのを見ることができます。このとき、西や東を眺めると、オーロラは弧を描き地平線から立ちのぼるように見えますが、これは数百kmにもおよぶオーロラを地平線近くで見てい

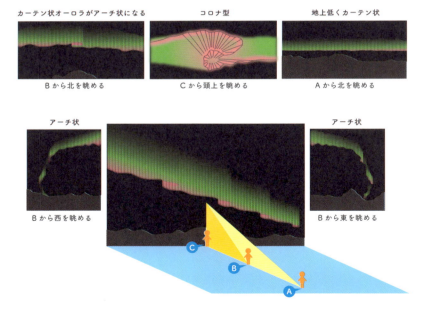

カーテン状オーロラがアーチ状になる
Bから北を眺める

コロナ型
Cから頭上を眺める

地上低くカーテン状
Aから北を眺める

アーチ状
Bから西を眺める

アーチ状
Bから東を眺める

見ている位置で変わるオーロラの見え方

るため、目の錯覚でオーロラが立ちのぼるように見えているのです。さらに活動が高まるとカーテンのヒダの大きさが増し、ときには渦を巻いて大きく動きます。

　C地点はオーロラの真下にいるので、頭上を見上げると見事なオーロラが天空を横切っています。このときのオーロラは、空のある一点から噴き出すように四方八方に広がって見えることがあります。これを、コロナ型のオーロラといいます。カーテン状オーロラのヒダや渦巻きのほぼ真下にいるために、頭上の天頂で流線が一点に集中しているように見えているのです。

　また、オーロラを通り越してオーロラ・オーバルの内側から外側に南に向かってオーロラを見ると、アーチ状のオーロラは円の内側から眺めたような形になります。

　同じオーロラを見ているのに、オーロラに対して見ている距離や方向によってまったく違うオーロラに見えてしまうなんて、不思議ですね。

コロナ型オーロラ

オーロラが活発になるとカーテン状オーロラが幾重にも重なる。

オーロラが大きくうねり始めると、やがて渦巻状オーロラが現われる。

オーロラの活動が活発になると上部が赤く光り、オーロラ全体がとても明るく輝く。

オーロラの活動が一段落したあとや明け方、空が白み始めたころに出現する脈動オーロラ。

■オーロラの動き

　オーロラの動きはまさに千変万化。ときにはゆっくりとゆらめき、ときには瞬く間に激しく動き、宙を舞います。オーロラの帯が大きくうねったり、ダイナミックにぐるりと渦を巻いたりねじれたりします。そうかと思えば、なかには何十分もほとんど動かないものもあり、また大波状オーロラのように、カナダからアラスカまでものの10分というハイスピードで移動するオーロラもあります。

　しかし厳密にいうと、オーロラは動いていないのです。街頭の電光掲示板が、1つ1つの電球が動くのではなく、それぞれの点滅によって文字などが

1分30秒ごとのオーロラの変化

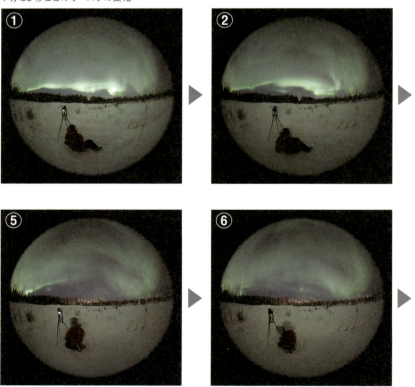

表示されたり、動いて見えるのと同じです。オーロラも同じように、空のどの部分がいつ光るかという命令が宇宙空間から送られ、それによる点滅でまるで動いているように見えているのです。

　下の写真は、魚眼レンズで、1分30秒ごとにとらえたオーロラの変化です。オーロラの明るい部分が形を変えながら移動し、色や全体の広がりなども刻々と変化しているのがわかります。

　また、①や②では下端が明るくなっていますが、⑥や⑦のあたりでは明るく輝いている部分はなくなっています。しかし⑧では再び明るくなっています。オーロラ活動が活発なときには、このようにオーロラが何度も盛り上がりを繰り返すことがあります。

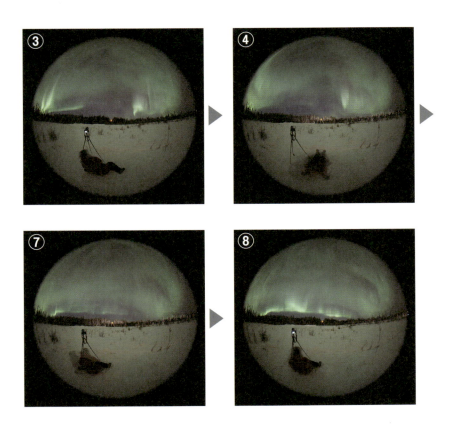

■ブレークアップとは？

　突然、夜空の一点からオーロラの光が四方八方に噴き出し、たちまちオーロラの光で空全体が覆いつくされる…。それがオーロラ・ウォッチングのハイライト「ブレークアップ」です。ブレークアップはいつ起こるかわからないうえ、たいていはわずか数分間しか続きません。しかも、オーロラが見えるからといって、かならずブレークアップが起こるわけでもありません。初めてのオーロラ・ウォッチングで、ブレークアップに遭遇できたら、かなり好運です。

　紀元前4世紀のギリシャの哲学者アリストテレスは、この現象を「天空が裂けて光が噴き出す」とたとえていますが、頭上でブレークアップが起こると、まさに「天が裂ける」という表現がぴったりです。なかには感動のあまり身じろぎできなくなったり、涙を流す人もいるといいます。

　ブレークアップは、オーロラ予報でねらっても、なかなか見られるものではありません。文字どおり、「運を天に任す」しかないのです。

ブレークアップはオーロラが頭上で爆発したように見える。

いろいろな色のオーロラが空を覆う。

オーロラのサイエンス

オーロラが光るしくみ。太陽活動との関係。
ここでは少し科学的に、オーロラの姿を眺めてみましょう。

■オーロラが現われる場所

オーロラはとにかく北の寒い方へ行けば行くほどよく見られる……漠然とそう思っている人も多いのではないでしょうか。

オーロラが発生する確率がもっとも高いのは、統計上、「極」を取り巻くベルト状のエリア、いわゆるオーロラ帯（オーロラベルト）とよばれる地域です。ただし、ここでいう「極」とは地球の自転軸上にある北極や南極のことではなく、地球の磁場の極「磁極」を指しています。

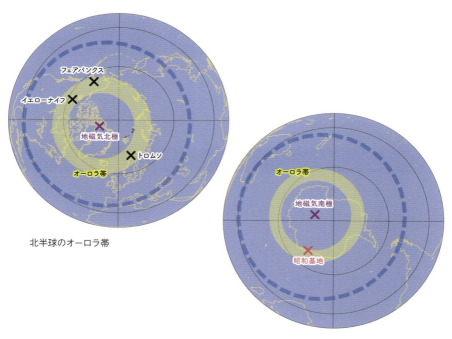

北半球のオーロラ帯

南半球のオーロラ帯

私たちが暮らす地球は、地球自体が大きな磁石になっていて、北極にS極、南極にN極があります。そして、仮に地球の内部に1本の巨大な棒磁石があると考えると、この棒磁石は自転軸に対して約11.5度傾いています。この棒磁石が地球の表面と交わる点をそれぞれ磁北極、磁南極といい、この2つの磁極を基準にして平均的に緯度を決めたものを「地磁気緯度」といいます。通常の北極や南極とはちょっとズレているということを覚えておいてください。そして、オーロラがもっともよく出現するオーロラ帯は地磁気緯度で65〜70度となり、北半球の磁北極はグリーンランドの北西部になります。

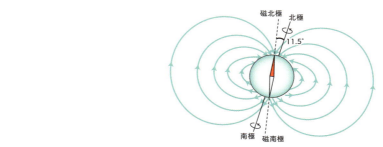

地球の磁場。磁力線は南極から北極へ流れる

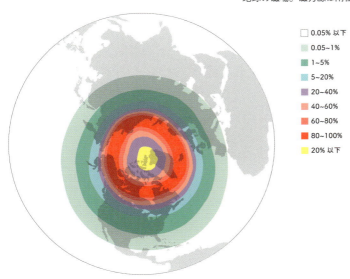

□	0.05% 以下
■	0.05~1%
■	1~5%
■	5~20%
■	20~40%
■	40~60%
■	60~80%
■	80~100%
■	20% 以下

北半球でオーロラの見られる確率

■オーロラの起こるしくみ

　ところで、オーロラはなぜ発生するのでしょうか？ そのしくみはまだはっきり解明されていませんが、確かなことはオーロラの「故郷」が太陽にあるということです。

　太陽のコロナから吹き出す高温の太陽風（プラズマ粒子の流れ）は、太陽の重力を振り切って宇宙空間に飛び出してきます。太陽風の速度はふつう秒速400kmほどで、地球に到達するまで約3日かかります。ときには秒速1000km以上の猛スピードで地球に吹きつけますが、地球は磁場を持っているため、太陽風は遮られて地球の周りを取り巻くようにして流れ、彗星のように長い磁場の尻尾を持った「磁気圏」という空間ができます。磁気圏の尻尾にたまったプラズマ粒子は、磁場に導かれ地球の極地方から地上に降りそそぎます。そこで放電現象が起こってオーロラが発生すると考えられているのです。高速で強い太陽風が地球に吹きつけるほど、強いオーロラは発生しやすくなります。

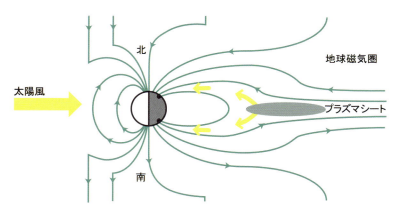

太陽風が地球に吹きつけ、夜側へのびた地球磁気圏にプラズマ粒子がたまり（プラズマシート）、磁力線に沿って流れ込む。

■なぜオーロラは夜に現われる？

　オーロラの故郷は太陽にあります。ではなぜオーロラは太陽に面している地球の昼側ではなく、反対の夜側に現われるのでしょう？

　それは、太陽からやって来たプラズマ粒子が、太陽とは反対になる地球の夜側に回り込むからです。そのためオーロラは夜側で活発になるのです。そのメカニズムについては、実はまだよくわかっていません。ただ、「昼間は明るくて見えないだけ」という理由ではないのです。

　オーロラ帯は真円ではなく、太陽とは反対側、つまり地球の夜側に少し膨らんだ楕円形をしています。そのためオーロラ・オーバルともよばれますが、このオーバルの位置や形は一定ではなく、太陽活動の強弱などによって、大きさも収縮したり拡大したりします。

　下図は南北両半球のオーロラ・オーバルの予報図です。北半球だけでなく南半球にも南極大陸を取り囲むようにオーロラ・オーバルがあります。宇宙からオーロラが発生した地球を眺めると、地球は北と南の両極に2つのオーロラの冠を戴いているように見えます。

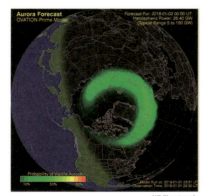

北半球のオーロラ・オーバル　（提供 NOAA）

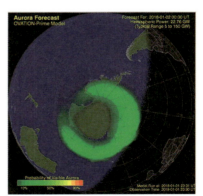

南半球のオーロラ・オーバル　（提供 NOAA）

■オーロラの起こる要因 ～太陽フレアとコロナホール

　オーロラを発生させるおもな原因となる太陽活動は、大きく分けて２つのあります。

　一つは太陽フレアです。フレアは太陽の表面で起こる爆発現象で、太陽の赤道を中心とした低緯度付近でよく起こります。その発生原因についてはよくわかっていませんが、太陽黒点の磁場と深い関係があるとされています。太陽面にフレアが発生すると磁気嵐（地球の磁場の大きな乱れ）が起こり、その２～３日後に活発なオーロラが出現することがよくあります。

　もう一つはコロナホールです。こちらは太陽の高緯度に多く見られます。コロナホールといっても穴ではなく、高速の太陽風が吹き出している場所です。最近の研究で、磁気嵐の多くはこの高速太陽風が原因で起こることがわかってきました。

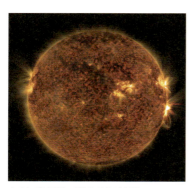

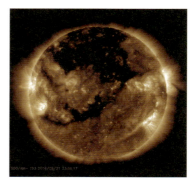

左右に噴き出して見えるのが太陽フレア
（提供 NASA）

中央の黒い部分がコロナホール（提供 NASA）

■オーロラと太陽活動

　太陽活動は約 11 年周期で変動する、と聞いたことがあると思います。これは太陽の活動度を黒点数の増減で表わしており、それが 11 年の周期を持っているからです。それなら、オーロラの出現もそれにリンクして 11 年周期だと思う人も多いかもしれません。

　しかし、統計的データから見ると、オーロラの出現ピークは１つの太陽活動周期の中に２つあります。１つは太陽フレア、もう１つはコロナホールが

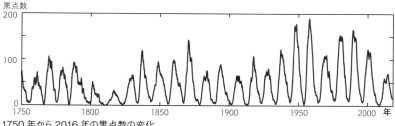

黒点数

1750 年から 2016 年の黒点数の変化

原因のもので、活動度はそれぞれ約 11 年周期です。ただし、両者の活動ピークは数年ほどズレているため、オーロラの出現ピークも 2 つ存在するというわけです。

　太陽フレアによるオーロラ出現のピークでは、非常に活発な大規模なオーロラが出現するのに対して、それから何年か後のコロナホールによるピークでは、オーロラの規模よりも出現の頻度が高くなると考えられています。

■オーロラと磁場

　ここまでの話からすると、太陽活動が活発で太陽風のエネルギーが大きければオーロラの活動も活発になる、といいたいところですが、オーロラの出現はそれほど単純ではありません。もう 1 つ重要な要因があります。

　たとえば外で強風が吹き荒れていても、窓がぴったり閉まっていれば風は家の中に入ってくることはありませんが、窓が大きく開いていれば、微風でも風は家の中に入ってきます。これと同じようにオーロラの発生には太陽風のエネルギーの強さではなく、この窓を開けることに値する、もう 1 つの要因が大きく関わっています。それが「太陽風の磁場の方向」です。

　地球の磁場の方向、つまり磁力線の向きは基本的に南から北へ向いていますが、ここに太陽風が、いろいろな方向を向いた太陽の磁場を運んできます。この太陽風の磁場がたまたま南を向いているときは、地球の磁気圏に入ってきやすい条件になります。そこで磁気圏の窓が大きく開かれ、オーロラ帯が拡大して活発なオーロラが現われるのです。

　実は、太陽フレアやコロナホールが原因で起こるオーロラは全体の 1 割ほどに過ぎず、残りのオーロラの発生はこうした偶然によるところが大きいのです。オーロラは「気まぐれ」ということです。

■オーロラの高さ

オーロラが光っているのは通常、地上約100km〜500kmの高さです。大きなオーロラが現われると、今にもオーロラが地上に届きそうに見えることがありますが、実際には一番明るい下縁の100kmのあたりでも、エベレスト（8848m）の10倍以上の高さにあります。

また、オーロラがとても活発なときは、オーロラの上限が800kmもの高さになることがあります。

しかし、飛行機の窓からオーロラが見えると、飛行機と同じくらいの高さか、少し下方にあるように感じることがあります。これは地球が丸いため、はるか遠くのオーロラを見たときに自分と同じぐらいの高さにあると感じる目の錯覚です。飛行機が飛んでいる高さは地上約1万m（10km）ですが、オーロラはその10倍以上の高さに出ているので、飛行機がオーロラの中を突っ切るということはありません。

ただし、高度約400kmを飛行している国際宇宙ステーション（ISS）なら、それも可能です。将来、誰もが宇宙旅行に出かけるようになれば、美しいオーロラを間近に見ることができるようになるでしょう。

■オーロラの明るさ

オーロラが出現すると、色や形に見とれてしまって明るさなど気にならないかもしれませんが、オーロラの実際の明るさはどのくらいなのでしょう？

ふつうによく見られるオーロラは0.1〜0.01ルクス程度です。これは直径2cmのロウソクの明かりから3〜10m離れた明るさと同じぐらいです。オーロラは思ったよりも暗いものなのです。

ただし、もっとも明るいオーロラだと1ルクスほどあり、これはちょうど満月の夜の明るさと同じぐらいになります。このぐらい明るいと雪原にオーロラの光が反射して見えることもありますが、実際にはこれほど明るいオーロラはめったに現われません。

最近のデジタルカメラは超高感度なので、肉眼では見えなくても写真に撮るとオーロラが写ったり、雪面にオーロラの色が反射しているのがわかるかもしれません。

国際宇宙ステーション（ISS）から見たオーロラ（提供 ESA/NASA）

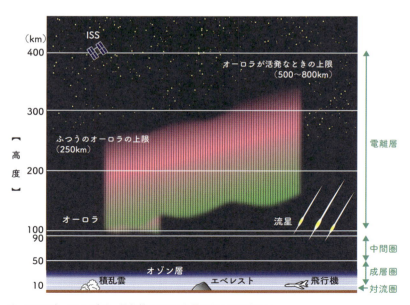

オーロラの光っている高さ。飛行機ではとても届かないことがわかる。

中低緯度のオーロラ

■低緯度オーロラとは

　実は、地球上でオーロラが見られるのはアラスカやカナダ、北欧、南極などの極地方だけではありません。太陽活動が活発になり激しい磁気嵐が起こると、オーロラ帯は低緯度の方向へ大きく拡大します。このとき、ふだんはオーロラが見られない中低緯度の地域（地磁気緯度の低い地域）でも、ごくまれにオーロラが現われることがあります。それらは一般に「低緯度オーロラ」とよばれています。日本では北海道などで見られることがあります。

　といっても、そうした中低緯度エリアの上空までオーロラ帯がやって来るわけではありません。実際には活発なオーロラの上の方の一部が見えているのです。つまり、低緯度オーロラと高緯度の（ふつうの）オーロラとは同じもので、見る位置や角度によって色も形もまったく異なって見えるのです。

　一般に、北海道で見られるような低緯度オーロラは、空を赤色に染めるだけで動きもほとんどありません。これは活発なオーロラの上部は赤いことが多いためです。高緯度で目にする緑白色やカラフルなカーテン状のオーロラとはかなり印象が異なります。また、残念ながらブレークアップを見ることは、まずありません。

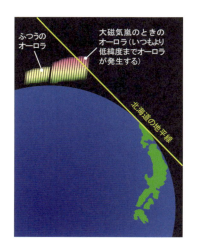

ふつうの
オーロラ

大磁気嵐のときの
オーロラ（いつもより
低緯度までオーロラ
が発生する）

北海道の地平線

　ただし、非常に活発なオーロラが現われた場合、低緯度からでも、写真に撮ると赤色の下にある紫色や緑白色の部分まで写せることもあります。高緯度で見られるような天空を舞うオーロラとは逆に、地上から突き出ているようなオーロラとなり、とても印象深い光景です。

低緯度オーロラは、高緯度で発生した活発なオーロラの上部を見ている状態です。

山梨県甘利山で撮影された低緯度オーロラ（2003年10月）

　過去には2003年10月下旬、連日の激しい磁気嵐にともなって、ヨーロッパのパリやウィーン、アメリカではフロリダでもオーロラが見られました。日本でも北海道陸別町で肉眼で赤いオーロラが確認され、中部地方の長野県や滋賀県でも赤いオーロラが撮影されました。近年では2015年3月18日未明に、北海道名寄市で赤いオーロラが撮影されました。

■南半球の低緯度オーロラ

　地球には磁北極と磁南極を取り巻くようにして2つのオーロラ帯があります。それでは、なぜ南半球のオーロラ鑑賞ツアーの話はあまり耳にしないのでしょうか？

　答えは簡単。南半球のオーロラ帯は、南極大陸を取り巻いてほぼ海上にあるため、オーロラの見やすい場所を簡単に訪れることができないからです。しかし、オーロラ活動が活発なときには、南半球でもオーロラが見られることがあります。ニュージーランド南島のクイーンズタウンやテカポ湖のあたりで見ることのできる低緯度オーロラです。このエリアは、オーロラファンの間でもよく知られています。

アラスカ大学 赤祖父俊一先生に聞く
オーロラのはなし

北の空に音もなく舞う不思議な光・オーロラ。
ぼんやり漂っているかと思えばカーテンのようにゆらめき、
また、空を駆ける竜のごとく激しい動きを見せることもある。
ここでは、オーロラ研究の第一人者である赤祖父俊一先生に、
オーロラに関する素朴な疑問を交えながらお話をうかがった。

---- 先生は長年アラスカでオーロラの研究をされていますが、どうしてアラスカではオーロラがよく見えるのですか？

　『オーロラのサイエンス』で解説したように、オーロラ帯（オーロラベルト）といわれる、極を中心とした環にあたる場所ならば、どこでもオーロラは見られます。しかし、オーロラは空のずっと高い所、高度 100 ～ 500 km くらいのところで起きる現象ですから、その下に雲がかかっていたり雪が降っていれば、地上からは見ることができません。その点、私がいるアラスカのフェアバンクスはオーロラ帯のなかでもとくに晴天率がよい場所なので、結果的にオーロラがよく見えるというわけです。同じように、カナダのイエローナイフも晴天率がよく、多くのオーロラファンが訪れる場所として知られています。

赤祖父俊一◆ 1930 年、長野県生まれ。東北大学理学部卒、アラスカ大学地球物理学研究所、アラスカ大学国際北極圏研究センター所長を経て、現在同大学名誉教授・名誉所長。オーロラ研究における世界的権威であり、最先端を行く第一人者。地球温暖化論でも注目されている。

赤祖父先生が名誉教授・所長を務
めるアラスカ大学国際北極圏研究
センター。

------ 晴れていれば、ほぼ毎日オーロラが見えると聞きましたが？

　人工衛星で見ていると、1年365日中、350日程度はオーロラは出てい
ると思います。ただし、夏は太陽が沈まない白夜になるので、実際に目で
オーロラを見ることはできません。秋になって夜がもどってくると見られる
ようになります。また、オーロラが見えないので出現していないと思っても、
実は肉眼では確認できないほどの弱いオーロラが出ていることもあります。
オーロラを発生させる太陽活動が弱いと、オーロラ帯が小さくなるのでフェ
アバンクスでは見えず、オーロラの光も弱くなるのです。

----- そうなると、太陽風（太陽から飛んでくる電気を帯びた粒子）が強けれ
ば、強いオーロラが出るのですね？

　太陽風がとても強いときは、活発なオーロラが発生する可能性が高いとは
いえます。オーロラ帯もぐっと大きくなり、カムチャッカ半島の付け根あた
りまでオーロラが来ることがあります。そうなると北海道などでもオーロラ
の上端を見ることができますよ（低緯度オーロラについての解説を参照）。

オーロラ研究の最前線、
ポーカーフラットのロケッ
ト発射場の研究棟。

カーテン状のオーロラは、風によって揺れているようにも見えます。実際は風の影響は受けません。

しかし、オーロラの発生には、太陽風の磁場などほかの条件も影響するので、太陽風が強ければかならず活発なオーロラが出るかというと、それは一概にはいえないのです。オーロラの出現予報でも、そこがむずかしいところです。

----- オーロラが揺れるのはなぜですか？

　オーロラはまるでカーテンが風に揺れるように見えることはありますが、実際に揺れているわけではありません。オーロラはネオンサインのような放電現象ですが、放電している場所が次々に変わっていっているだけです。ですから、地上で風が吹いていてもオーロラにはまったく影響がありません。そもそも、オーロラが出ているのは、地上の風など関係ないはるか上方です。

　どうして風に揺れるカーテンのような形になるのかは地球の周りの宇宙での電場や磁場が太陽活動で変わるためですが、オーロラにはまだ解明できていない謎も多いのです。

----- オーロラは寒い冬にしか見ることができませんか？

　いいえ、そんなことはありません。むしろ、秋や春の方がオーロラシーズンといえると思いますよ。前にものべたように夏でもオーロラは出ているの

オーロラ活動が活発になると、筋状のレイが現われます。

ですが、オーロラ帯にあたる高緯度地方では、夏至のころは白夜で夜がない
ので、オーロラを見ることはできません。ですから必然的に、夜のある秋～
冬～春にかけてが一般的なオーロラシーズンになります。

　また、寒いとオーロラが出ると思っている方が多いのですが、それは違い
ます。オーロラは雲の高度よりはるかに高い場所で起こる現象ということか
らもわかるように、オーロラの発生は地上の天気とは関係ないのです。ただ
し、オーロラがよく見える夜はよく晴れた夜であり、そんな夜は放射冷却が
起こって冷え込むので、そう思う方もいるでしょう。

----- オーロラはどうして多彩な色をしているのですか？

　もっともよく見られるのは緑色のオーロラですが、これは地球の大気であ
る酸素の色です。放電で酸素が電子に叩かれる（ぶつかられる）と緑色に光
るのです。なお、赤色も酸素の色ですが、電子に叩かれる強さによって色が
変わります。紫色は窒素の色です。つまり、オーロラのいろいろな色は、地
球大気に含まれるさまざまな原子や分子の色ともいえます。

　ちなみに木星や土星にも大気があり、オーロラもあります。いずれもピン
ク色のオーロラです（写真では紫外線でとらえているので青く見えていま

木星（左）や土星（上）にもオーロラが出現
します。木星の衛星イオにもオーロラが発
生することがわかっています　（提供 NASA）

す）。これは木星や土星の大気が水素だからです。

----- 光っているというと熱そうですが、もしオーロラに触ったら熱いです
か？

　具体的にいうと、オーロラの高さで大気の温度は 2000 度くらいあります。
かなりの高温ですね。ところが、もし指を出したら凍ってしまうでしょう。

　これは、ふつう物体に「温かい」というのは物体の分子が振動していて熱
を与え、指に「温かい」と感じさせているからなのですが、オーロラの出て
いる高度 100km 以上の高さでは空気が薄く、超高速で動いている粒子でも
数が少ないのでかえって凍ってしまうのです。

----- オーロラにはロマンチックなイメージがありますが、先生はどう感じま
すか？

　やはり、すばらしいものだと思います。自然現象で一番美しいものではな
いでしょうか。とはいえ、最近は怠けてしまって、あまり見ていませんけど
ね（笑）。

　私が最初にオーロラという言葉を耳にしたのは 5 〜 6 歳のころ、母親が
よく歌っていた「行こうかもどろうかオーロラの下を…」という歌です。今
でこそ、日本からは多くの人がオーロラを見に出かけますが、昭和初期の当
時、日本でオーロラについてはほとんど知られていませんでした。ですから
私はもちろん、歌っている当の母親さえ「オーロラ」が何なのかはわかって
いませんでしたが、母親の歌ははっきりと覚えています。

ぶつかる原子や分子の違いによって、オーロラは複雑な色彩を見せます。

　月日は経ち、私は大学生になって、地磁気観測所で働いていました。具体的には地球の磁場を記録している機械の記録用紙の取り替えなどのアルバイトをしていたのですが、あるとき、その記録計の針は、シベリアかアラスカのオーロラが動かしているのだと聞いたのです。それがオーロラという言葉との2度目の出会いでした。私は母親の懐かしいあの歌を思い出すとともに強く興味をひかれ、アラスカへ行ってオーロラの研究をすることを決めたのです。そして向かったアラスカで、初めて目の前で舞うオーロラを見ました。

　最初にオーロラを見たときの印象？　それがよく覚えていないんですよね（笑）。研究のための写真を撮るのに必死だったのかもしれません。妻は天から槍が降ってくるようで、とても怖かったと記憶しているようです。

　アラスカの人は、夏が過ぎてオーロラが再び見えるようになると、白夜が去り「オーロラがもどってきた」という表現をします。夜が復活し、星がもどってきた、月がもどってきた、オーロラがもどってきた…冬になってきたということを感じるわけです。アラスカの人にとってオーロラは、そんな親しい隣人のような存在なんです。

　古くは紀元前200年くらいに、オーロラが見えた記録が残っていますし、

数多くのオーロラにまつわる伝承が残されています。オーロラは古代からつねに人間の関心の的でした。現代、人工衛星で観測した太陽風のデータでオーロラの出現予報ができるようになったり、人工衛星やロケットを打ち上げてオーロラの放電現象を調べたり、世界各地で同時にオーロラを撮影したりと、オーロラについてはさまざまな研究が進んでいます。それでも、本当に根本的なオーロラ発生のメカニズムさえ、まだはっきりとは解明されていないのです。

　「オーロラ」という名前は、もともとはローマ神話の曙の女神の名前なんです。それがどうして科学用語になったのかはいろいろ議論がありますが、ロマンチックな名前ですよね。謎めいた女神のようなオーロラの不思議を、ぜひ一度体感してみてほしいと思います。

オーロラの見え方は毎回違う。いろいろなオーロラが見たくなり、そしてオーロラの虜になってしまう人も多い。

第2章
オーロラを
見に行こう

オーロラの魅力は、実際に見なければわからない。

どこに行けばいい？ 必要なものは何？

オーロラの予報ができるってホント？

さあ、オーロラを見に行く準備を始めましょう。

Capter.2

オーロラ・ウォッチングに出かけよう

どこに行けばいい？ いつ行けばいい？
オーロラ・ウォッチングの計画を立て始めましょう。

■オーロラが見られる場所

　オーロラを見に行く！ そう決めたなら、まずは場所選びです。

　統計的にオーロラがもっともよく現われるのは、極地方を帯状に取り巻くオーロラ帯（オーロラベルト）とよばれるエリア。北半球ではアラスカ内北部、カナダ北部、アイスランド、スカンジナビア半島北部などが属し、オーロラ帯の中心（磁北極）はグリーンランド北西部にあります。この地域でオーロラが現われるのは年間200日以上とされ、天気さえよければ、かなりの確率でオーロラが見られるといいます。

オーロラは自然現象のため、オーロラ帯に行けばかならず見られるわけではありません。
また、天候条件がよい場合でも100％出現するわけではないことをあらかじめご了承ください。

オーロラ帯にかかるアラスカ内北部、その中心都市フェアバンクスは世界中からオーロラファンが訪れる「オーロラの街」。アラスカにはそのほか北極圏の村ベテルス、コールドフットなどに鑑賞スポットがあります。カナダではオーロラツアーのパイオニアであるイエローナイフ、そのほかホワイトホースや、シロクマが見られるチャーチルなどが有名です。

北欧では、フィンランドのサンタクロース村で有名なロヴァニエミやサーリセルカ、スウェーデンのキールナや、冬期には世界最大級の氷のホテルが登場するユッカスヤルヴィ、アビスコがあります。ノルウェーでは、沿岸部のトロムソがオーロラ鑑賞地として有名です。そのほかアイスランドも人気があります。4章の鑑賞地ガイドも参考にしてください。

■オーロラのシーズンはいつ？

オーロラは、寒い冬の時期でないと見られないと思い込んでいる人も多いと思いますが、実際は年間を通して磁極を取り巻くオーロラ帯に出ています。しかし、オーロラの光はとても淡いため、高緯度地方では、夜が完全に暗くならなかったり夜の時間帯が短い夏の期間（北極圏では一日中太陽が沈まない白夜のシーズン）は、肉眼でオーロラを見ることはむずかしくなります。

北半球でオーロラ鑑賞に適しているのは、夜が充分暗くオーロラが見える時間帯が長くなる9～3月ごろ。ただし、北欧の各国は北米のアラスカやカナダにくらべて緯度が高いため、3月になるとどんどん日没時間が遅くなり、オーロラが見られる時間も短くなります。また、北極圏では12月～1月の間に太陽が地平線から顔を出さない「極夜」の時期があります。ただし、24時間ずっと真っ暗というわけではありません。

美しい紅葉も楽しめる秋が始まる8月中旬～9月の初めや、初春の3月下旬～4月上旬ごろは、冬の時期のオーロラとは違った美しさを楽しめます。川や湖面にエレガントな姿を映すオーロラが楽しめるのは秋ならではのシーン。この時期は気候も真冬ほどは厳しくないため、寒さが苦手な人にもおすすめです。

いっぽう南半球では中低緯度オーロラを見ることになるので、ほぼ一年中オーロラを見ることができます。

■オーロラ鑑賞地の選び方

　オーロラを見るためにもっとも重要な条件は、まず天気がよいことです。オーロラは地上からはるか100km以上も上空の宇宙空間で発生する自然現象なので、空に厚い雲がかかっていては見ることができません。

　次に冬期の気温をくらべてみましょう。アラスカやカナダでは平均最低気温が－30℃近くまで下がるのに対し、北欧のフィンランドやスウェーデンでは－10℃～－20℃くらい。とくにノルウェーの沿岸部はメキシコ暖流の影響で真冬でも－10℃前後と、それほど気温が下がりません。気温が違えば防寒対策にも当然違いが出てきますし、もともと寒さが苦手な人や体力に自信のない人には鑑賞地選びの大きなポイントといえます。

　ただし、これらのデータは過去の統計によるもの。近年は異常気象が続き、年によって大きく状況が異なることもめずらしくないので、データは参考程度に考えてください。また、日本からのアクセス時間も、身体的な負担を考え考慮しましょう。

　また、オーロラ鑑賞ツアーのパンフレットでは「観測率○％」などというデータを目にしますが、これも、あくまでも過去の統計によるもの。気温や晴天率と同じように、あまりデータにこだわりすぎないようにしましょう。

　オーロラは極地を取り巻くリング状のオーロラ帯に同時発生します。極論すれば、このエリアでの発生率はほぼ同じ。むしろそのときの天気の良し悪しに大きく左右されます。つまりオーロラに会えるかどうかは、最終的には天候とオーロラ活動とのタイミング次第です。

■オーロラを見に行く方法

　日本からオーロラを見に行く方法は、パッケージツアーに参加するスタイ

オーロラ鑑賞地の条件の比較

比較項目 　　　場所	フェアバンクス（アラスカ）	イエローナイフ（カナダ）	サーリセルカ（フィンランド）	キールナ（スウェーデン）	トロムソ（ノルウェー）
緯度	64度51分	62度27分	68度30分	67度52分	69度42分
日本との時差（時間※）	－18時間	－16時間	－7時間	－8時間	－8時間
1月の平均最低気温（℃）	－28.0	－31.0	－11.5	－19.0	－7.0
2月の平均最低気温（℃）	－26.0	－28.0	－9.9	－18.0	－7.0
アクセス時間（最低往路）	約16時間	約19時間	約14時間	約19時間	約18時間

※サマータイムの間は各地ともこれより1時間短くなる

ルと、個人手配をするスタイル、あ
るいは個人旅行があります。

　オーロラツアーは冬の定番商品と
して定着し、ツアーのバリエーショ
ンも増えてきました。一方で、これ
までオーロラツアーといえば日本人
ばかりでしたが、近年は韓国や中国
でもオーロラ・ウォッチングの人気

凍てつく闇と氷の世界をオーロラが照らす

が上がっており、現地のホテルなどが取りにくくなっています。そのため、
ツアー料金も以前のように格安の商品は少なくなりました。

　ツアーに参加するメリットの一つは、防寒着のレンタルサービスが受けら
れることです。現地でレンタルできれば、その分荷物も少なくてすみますし
経済的です。

　ツアー選びで気をつけたいのは、ツアーの料金だけを見て即決しないこと。
ひと口にオーロラツアーといってもその内容はさまざまです。かならずしも
滞在する町の中で好条件で見られるとは限りませんし、そこからより鑑賞に
適した郊外のサイトへ向かうガイドツアーや防寒具レンタルが別料金のオプ
ションになっているものもあります。また、現地のオーロラ鑑賞の時間は最
低でも3晩は欲しいところです。できればツアー中、毎晩チャンスがある
ほうが、当然オーロラを見られる確率も高くなります。また、パッケージツ
アーでは行けない場所を訪れたり、もっと自由にプランを組み立てたい人は、
個人手配を頼むという選択肢もあります。

　インターネットで簡単に宿や航空券の予約ができるようになったこともあ
り、個人旅行でオーロラを見に行く人も年々増えています。個人でオーロラ
を見に行く場合には、都市のホテルに宿泊して現地発のオーロラ鑑賞ガイド
ツアーに参加する方法と、郊外のコテージやロッジに滞在しながらのんびり
オーロラの出現を待つ方法があります。毎回違うガイドツアーに参加すれば、
いろいろなロケーションでオーロラを楽しむチャンスがありますが、オーロ
ラ鑑賞の時間は観測地までの移動時間分をロスします。一方、コテージ滞在
であれば、一晩中時間を気にせずオーロラ鑑賞ができます。どんなスタイ
ルで楽しみたいか、目的地などの条件とあわせて検討してみてください。

オーロラ・ウォッチングの防寒スタイル

寒いときには－30℃～－40℃近くなることもある極地方の冬。オーロラを見に行くなら、万全な防寒対策が必要です。

■防寒対策のポイント

　オーロラはいつ現われるかわからず、いったん現われると長時間寒い戸外で鑑賞や撮影を続ける場合があります。同じ戸外でもスキーやスノーボードをするのとは違って、オーロラ鑑賞のときはあまり体を動かさないため、少し大げさかな、と思うくらいの万全な防寒対策をしてのぞみましょう。

　といっても、ただ手当たり次第に衣服を着込むこと＝防寒ではありません。身動きが取れなくなるほど着込むのは、実は逆効果。上手な防寒のコツは、衣類に少し余裕を持たせて何枚か重ね着し、間に空気の層を作ること。また鑑賞ツアーではオーロラが現われるまで暖かい屋内で待つことになりますが、屋内と戸外とでは相当な温度差があります。こうした場合も、重ね着スタイルなら簡単に脱ぎ着ができて温度調節がしやすいのです。

　防寒のもう一つのポイントは、手や足、そして頭部の冷えやすい部分の防寒をしっかりすること。手袋や靴下は2枚重ねが基本で、顔もなるべく直接外気に触れる部分を少なくしましょう。寒さは足元からじわじわくるので、下半身の防寒にも充分注意を払いましょう。

まず下着でしっかり防寒。防寒機能素材の下着もチェック。靴下は登山用の物などもおすすめ。

指先だけが出せるアウター
グローブやタッチパネル
対応の手袋が写真撮影時
に便利。

ネックウォーマー＋帽子。
露出部分を極力少なくす
るのは防寒の基本。

■防寒アイテム選び

　一番外側に着るアウターは、風を
通さない防風素材のものが最適で
す。一番内側に着るインナーの素材
は、ウール、あるいは透湿性の機能
を備えた化学繊維のものが適してい
ます。防寒対策は、直接身体に着け
るものをしっかりするほど効果的です。

防水・保温性に優れたアウト
ドア用の防寒ブーツなら長時
間の鑑賞にも最適。

　オーロラを見に行くために防寒対策は必須ですが、かならずしも防寒具をす
べて新調する必要はありません。手持ちの防寒具をチェックし、それらとの
組み合わせを考えて購入するのもよいでしょう。機能素材で作られたアウト
ドア・ウェアには、オーロラ鑑賞に適したものも多いので、スポーツショップ
やアウトドア用品店、登山用品店などで相談してみることをおすすめします。

■現地調達するときの注意

　防寒具を新調するなら、現地のスポーツショップなどで購入するという手
もあります。とくに防寒ブーツは定番のソレル社のブーツなどが日本で買う
よりも格安で手に入りますし、手袋や帽子など現地デザインの小物はよいお
みやげにもなるでしょう。ただし、全体的に日本よりサイズが大きめなの
で、小柄な人には合うサイズがない場合もあります。また現地のショップは
日曜日が休みの場合も多いので、旅行期間が短い場合は要注意です。

■オーロラ鑑賞時の防寒スタイル

帽子、フェイスマスク
帽子はかならず耳まで隠れるものを。
イヤーマフ（耳当て）もあるとよい。
フェイスマスクは、吐く息によるカメラ
レンズの結露防止にも役立つ。

マフラー、ネックウォーマー
フリース製のものが軽くて保温性もよ
い。複数用意しておくと、カメラの防
寒用にも使える。

手袋
化学繊維の薄手手袋（5本指）の上
にアウターグローブを重ねる。とくに
写真撮影をするなら操作性と、素手
で機材に触れないために2枚重ねは
基本。

中着
ウールシャツの上に厚手のセーターや
フリースなど、保温性のよいミッドウェ
アを何枚か重ね着する。

上着
防風と保温性の高いフード付きのダウ
ンジャケット、または中綿入りジャケッ
トの上に風を通さない素材のフード付
きジャケット（マウンテンパーカーな
ど）を重ねる。いずれも丈は腰まですっ
ぽり隠れるものがよい。

下着
化学繊維で透湿性のよい防寒用長袖
インナーが最適。機能素材で作られ
たアウトドア用のものは非常に暖かい
ので、寒さに弱い人におすすめ。

靴
外側に防水加工、内側に起毛やフェ
ルトなどで保温加工された防寒ブー
ツ（スノーブーツなど）が最適。中に靴
下を重ね履きしたりカイロを入れるこ
とを考えて、少し余裕のあるサイズを。
レンタルする場合も同様。

ボトムス
まず化学繊維のタイツやスパッツを履く。その
上に厚手のジャージやスウェット、ウールパン
ツ、コーデュロイパンツなどを履き、一番上に
風を通さないアウターパンツ（スキーパンツな
ど）を重ねる。中履きがジーンズや綿パンでは
冷えるので×。

■防寒具のレンタル

日本から催行されるオーロラ鑑賞ツアーでは、参加者を対象に防寒具のレンタル
を行なっています。といっても上から下まですべて借りられるわけではなく、ふつう
は防寒上着・ズボン・ブーツがセットで貸し出されるので、それ以外の手袋や帽子
などの防寒具は各自で用意する必要があります。

－20℃～－30℃の極低温下では、金属類を直接肌に接触させないのが鉄則です。オーロラ鑑賞の際にはピアス、ネックレス、指輪などのアクセサリー、金属バンドの時計などは取り外しましょう。注意したいのがメガネです。気付かないうちに凍傷になってしまう可能性もあります。あらかじめフレームをテーピングしたりガーゼを当てるなどして、金属部分が直接顔に触れないようにしましょう。なお、コンタクトレンズの使用についてはとくに問題はないようです。

極寒時のオーロラ鑑賞スタイル。大げさなくらいが安心。外気が入り込まないよう首元や足首、手首もしっかりガードしよう。

秋や春のオーロラ鑑賞スタイル。冬季ほど冷え込まないので装備も軽め。とはいえ最低限の防寒は忘れずに。

■オーロラ鑑賞時以外の服装

　オーロラを見るときはもちろん完全防寒スタイル。では昼間はどんな格好で過ごせばよいのか、そちらも気になるところです。

　現地のホテル内は暖房がしっかり効いていて暖かいので、室内にいるときは日本の冬の服装と同じと考えてよいでしょう。たとえば上は長袖シャツの上にフリースやセーター、下はジーンズやウールパンツなどで充分です。街へ出かけるときは、必要に応じて防寒のインナーやタイツをプラス。その上にダウンジャケットを着て、帽子・マフラー・手袋でしっかり防寒しましょう。

　足元は、雪のある所ではスノーブーツでも構いませんが、それ以外の場所では歩きにくいうえ旅行中ずっと履いているわけにもいきません。日本から履いていく靴は、厚底で滑りにくく防水加工が施されたもの、たとえばくるぶしまで隠れるトレッキングブーツなどがおすすめです。

■必携アイテム＆便利グッズ

　オーロラ鑑賞に欠かせないアイテムや、あると便利なグッズ。快適に楽しむために、防寒具だけではなく持ち物もチェックしておきましょう。

●使い捨てカイロ
今やオーロラ鑑賞時の必携アイテム。使用済のカイロは鑑賞サイトに捨てたりせず、かならず持ち帰りましょう。

●小型LEDライトやヘッドランプ
暗い鑑賞サイトで物を取り出すときや、暗闇を歩いて移動するとき、足元を照らすのに便利です。周りにひと声かけてから点灯しましょう。

●方位磁石
オーロラが現われる方角（北）をチェックして、あらかじめ鑑賞に適した場所を選んでおくことも鑑賞成功率アップの秘訣です。

●リップ＆ハンドクリーム
いずれの鑑賞地も空気がとても乾燥しています。リップクリームやハンドクリームをこまめに塗るなどして、しっかり乾燥対策をしましょう。

●マスク
メガネのレンズが吐く息で曇ったり凍り付いてしまうトラブルはよく起こります。息が直接レンズにかからないように、フェイスマスクを着けて、その上に鼻の部分にフレームの入ったマスクを併用すると効果があります。

あると便利なもの
ヘッドランプは頭部に固定するので、両手が使えて便利です。スマートフォンは方位磁石としても使えますしいろいろなアプリを入れておくと役立ちますが、バッテリー切れには注意。またオーロラ鑑賞のときやホテルの室内はとても乾燥しているので、リップクリームやハンドクリームは重要なアイテムです。使い捨てカイロは多めに用意するのをおすすめします。

■防寒アイテム＆持ち物チェックリスト

	品名	チェック	コメント
鑑賞時の防寒アイテム	帽子	☐	耳まで隠れるフリース帽やニットキャップなど
	フェイスマスク	☐	長時間鑑賞したり写真を撮るときには必須
	マフラー、ネックウォーマー	☐	フリース素材のものが軽くて着け心地もよい
	防寒ジャケット	☐	ダウンジャケット、または中綿入りインナーダウン防風ジャケットなど
	厚手セーター	☐	ハイネックセーターやアウトドア用のフリースなどが暖かい
	厚手ウールシャツ	☐	ウールまたは化学繊維の長袖シャツ。袖口がぴったり閉まるもの
	防寒インナー	☐	化学繊維で厚手のもの。アウトドア用高機能アンダーウェアなら最適
	タイツ	☐	化学繊維やウールのタイツ、またはアウトドア用のアンダーウェアなど
	ズボン、ジャージ	☐	ウールパンツやスウェットなど保温性の高いもの
	アウターパンツ	☐	風を通さないダウンパンツやスノーボード用パンツなど
	手袋	☐	ウールまたは化学繊維の5本指手袋＋ミトンの2枚重ねが基本
	靴下	☐	保温性・透湿性のよいウールまたは化学繊維のものを2枚重ね
	防寒ブーツ	☐	防水・保温加工のスノーブーツやアウトドア用ブーツ
一般衣類ほか	下着	☐	化学繊維のもののほうが洗濯してもすぐ乾く
	長袖シャツ	☐	室内での中間着は長袖Tシャツや厚手の綿シャツなどでOK
	セーター、フリース	☐	鑑賞時に着るものと同じでもよい
	ズボン	☐	ウールパンツなど。ジーンズや綿パンなら必要に応じて下にタイツを着用
	スウェット上下	☐	ホテル室内ではこれが一番楽なスタイル。パジャマ代わりにもなる
	靴下	☐	鑑賞時以外でも足元の防寒は大切。厚手のものを
	靴	☐	くるぶしまで隠れるアウトドア用ブーツやトレッキングブーツなど
便利グッズ	使い捨てカイロ	☐	貼るタイプ、足裏タイプなどもあると重宝。少し多めに用意していこう
	LEDライト	☐	暗いオーロラ鑑賞サイトでは小型のものでも活躍する
	方位磁石	☐	これでまず北の方向をチェック（スマートフォンのアプリでも可）
	サングラス	☐	スノー・アクティビティを楽しむときの雪目防止に
日用品	歯ブラシ、石けん	☐	ホテルやB&Bによっては備え付けのない所も結構多い
	シャンプー、リンス	☐	リンスイン・シャンプーならコンパクト
	ヒゲ剃り、つめ切り	☐	旅行中も身だしなみは大切。小型のもので充分
	タオル	☐	ホテルにはたいてい用意されているが、可能なら用意する
	リップ＆ハンドクリーム	☐	乾燥対策や凍傷予防に薬用タイプがおすすめ。必需品！
	ハンカチ、ティッシュ	☐	ポケットティッシュは何かと役立つ
	薬	☐	風邪薬、胃腸薬、下痢止め、持病薬、バンドエイドなど
	化粧品	☐	乾燥＆シミ対策に保湿ローションや乳液でしっかりお手入れを
	インスタント食品	☐	都市部の大型スーパーではカップ麺が買えるところもある
貴重品	カメラ	☐	撮影用機材などについては84ページ参照
	腕時計	☐	アラーム、方位磁針付きなど多機能なものが便利。金属バンドのものは×
	パスポート	☐	残存有効期間を確認しておこう。電子ビザが必要な国は申請を忘れずに！
	現金	☐	日本円と外貨(米ドル、カナダドル、ユーロ)などを用意
	クレジットカード	☐	支払い時だけでなく、身分証明用に必携
	航空券	☐	Eチケットの場合、念のためにコピーも持っていこう
	海外旅行傷害保険	☐	万が一に備えて。空港内やインターネットでも申し込み可能

オーロラ攻略マニュアル

あこがれのオーロラと対面のとき。
うっかり見逃さないように、
いくつかポイントを押さえておきましょう。

■ 暗い場所＆開けた場所で見よう

　多くのオーロラの光はとても弱いものです。クリアで美しいオーロラを見るための第1のポイントは、なるべく明かりのない暗い場所で鑑賞すること。周囲が暗いほうが、微弱なオーロラまで見ることができるので、それだけチャンスが広がります。一般に大きい町の中心部やホテルの周辺などは街灯やネオンサインなどで空が明る過ぎるため、オーロラ鑑賞には適していません。町中のホテルに宿泊する場合は、郊外へ出かけるオーロラ鑑賞ツアーに参加した方がよいでしょう。

　第2のポイントは、なるべく視界が大きく開けた場所を選ぶことです。できれば北向きに開けた見晴らしのよい場所が最適です。南半球の場合は南の空が開けた場所を選びましょう。出始めのオーロラはふつう、地平線上の低い位置に現われます。そしてオーロラ活動が活発になると、天空の高い位置で見られるようになります。オーロラ鑑賞の際、視界が建物や木立などで遮られていると、低空のオーロラやダイナミックな活動の全容を見逃してしまう可能性もあります。できれば明るいうちに周辺などを調べておき、より条件のよい場所を選んで、夜のオーロラ鑑賞に備えましょう。

■まずは北の空をチェック

　オーロラは、北半球であれば北（磁北）の方向から現われることが多いので、まず北（北東）の空をチェックしてみましょう。南半球の場合は、南（南南東）の空をチェックします。 出始めのころの初期のオーロラは淡くて動きもあまりなく、雲かオーロラか見分けがつかないくらいです。しばらく観測してみて、動きがあればオーロラです。また、初めは低い位置に見えていたオーロラが東西に延びてきたら、活発になる兆しです。 ただし例外もあ

オーロラを見るにも撮るにも、暗くて視界が開けた場所を選びましょう。

ります。ごくまれに、南の空でとても明るくて大規模なオーロラが見られる
ことがあるのです。これは、オーロラの活動が非常に活発になりオーロラ帯
が大きく拡大して、夕方の早い時間帯に北から移動してきたオーロラが、す
でに南天に通り過ぎてしまったあとというわけです。そんなときにはカラフ
ルで立派なオーロラが現われることでしょう。

■こまめに夜空チェック

　オーロラはいつ何時現われるかわかりません。チャンスを逃さないために
は、少なくとも 10 分おきぐらいに夜空をチェックしたいものです。オーロ
ラの光は淡く、ホテルの窓からでは見えにくいこともあるので、寒くても
やはり一度外に出て暗い場所で確認しましょう。またオーロラ鑑賞地にあ
るホテルでは、オーロラ・コール（オーロラが現われたら部屋に知らせてく
れるサービス）を行なっているところもあります。　しかし、知らせを受けて
から準備するのでは、せっかくのハイライトシーンを見逃してしまいます。
本当にすばらしいオーロラに会いたいのなら、やはり自分でこまめに夜空を
チェックするのがいちばんです。

■暗くなってきたらスタンバイ

　オーロラの出現は気まぐれで、夕方早めの時間帯のこともあれば、真夜中だったり、明け方の空が白み始める直前に姿を見せることもあります。たとえ天気がよくても、まったくオーロラが現われない日もあります。出現する回数も、ひと晩に 1 回だけとは限りません。少し時間をおいて 2 回、3 回と現われたり、活発になったり淡くなったりを繰り返しながら、何時間もエンドレスで出現し続けることもあります。　一般にオーロラの出現ピークといわれている時間帯は、平均的に 22 時ごろから午前 2 時ごろとされています。ただしあくまでも統計によるもので、かならずこの時間帯に現われるという意味ではありません。日没の早い 12 月や 1 月ごろ（北半球の場合）は、オーロラが鑑賞できる時間がかなり長くなるので、夕方早めに準備を始めましょう。

■ブレークアップに備える

　夜空の一点から光が噴き出し、オーロラが一気に空全体を覆いつくす。ブレークアップ現象はいつ起こるかわからないうえ、ハイライトの瞬間はふつう数分間しか続きません。出会えるどうかは運任せですが、兆しは見逃さないようにしたいものです。ブレークアップはまったく何もないところから始まるわけではありません。北の空からアーク状のオーロラが現われ、頭上で揺れ動きチカチカし始めたらブレークアップの兆し。このチャンスを逃さないように。統計によるとブレークアップがもっとも起こりやすいのは「地磁気時間」で 23 時から午前 0 時。地磁気時間とは地磁気緯度に対する地磁気経度をもとに決められた時間で、私たちがふだん時計で見ている時間とは異なります。地磁気時間の午前 0 時を現地の時間にした場合、大まかにいうと、アラスカ・フェアバンクスで午前 2 時 10 分ごろ、カナダ・イエローナイフで午前 1 時 50 分ごろ、フィンランドのロヴァニエミで 23 時 25 分ごろ、スウェーデンやノルウェーのキールナやトロムソで 22 時 40 分ごろとされています。ただし、これらは統計による平均値で、もちろん毎晩この時間帯にブレークアップが起こるわけではありません。

■基本はひたすら「待つ」

　オーロラを見るための第一条件は天気がよいこと。どんなに上空ですばらしいオーロラが現われていても、厚く雲に覆われていては地上からそれを見ることはできません。しかし、夕方に少し曇っていたり雪が降っているのを見て「今日はもう見られない」と早々にあきらめてしまうのは、自分からチャンスを捨ててしまうことになります。深夜には天候が回復して、しばらくすると雲が切れて合間からオーロラが姿を見せる、ということも多いものです。天候がよくない場合でもすぐにあきらめず、できるだけ粘ってみましょう。こうしたほんの少しの努力が明暗を分けることもあるのです。あとはできるだけ長く滞在して、ひと晩でも多く鑑賞のチャンスを増やすこと。　最低でも３晩は欲しいところです。当たり前ですが時間が長ければ長いほど、見られる確率は高くなります。とはいえ、オーロラは自然現象。天気さえよければ 100% 見られるというものではありません。運よく現われたとしても、その日のオーロラ活動がどれくらいの規模かというタイミングもあります。オーロラに会うために、観測の基本ポイントをひととおり押さえたら、あとはじっくりオーロラの出現を待つことにしましょう。

オーロラ観測証明書をもらおう

感動的だったオーロラの旅。取り出せばいつでもその感動がよみがえるのが「オーロラ観 測証明書」。観光局やオーロラ鑑賞ツアーなどに参加するともらえることが多いので、問い合わせてみるとよいでしょう。なかには鑑賞地の市長や観光局長のサインが入っているものも。みんなに体験談を話すときにもきっと盛り上がるはず。

アラスカ・フェアバンクスのオーロラ観測証明書の例。市内にあるビジター・インフォメーション・センター、空港などでもらえる

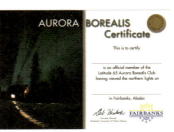

月とオーロラの関係

■ベストな月齢は新月前後！

　月明かりはとても明るく、とくに満月のときは、オーロラの見え方が大きく変わります。また、月齢（月の欠けぐあい）によって月が出ている時間帯が変わるので、オーロラを見に行く際には、月齢はかならずチェックしておきたいポイントです。

　オーロラ・ウォッチングに適しているのは、月明かりの影響の少ない新月のころ。新月をはさんだ前後数日間だと、淡くて暗いオーロラまでしっかり見ることができるでしょう。

月明かりにも負けない明るいオーロラ

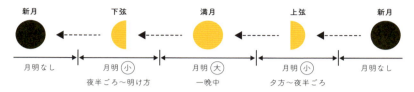

新月	下弦	満月	上弦	新月
月明なし	月明 小	月明 大	月明 小	月明なし
	夜半ごろ〜明け方	一晩中	夕方〜夜半ごろ	

月齢と月明かりの関係。オーロラを見に行くなら、月明のない新月前後がおすすめです。

■月齢と月明かりの関係

　上弦のころ、月が見えている時間は夕方から夜半ごろです。そして月の形が次第に丸くなるにつれ、月明かりは明るさを増し、月の出ている時間も長くなっていきます。満月に向かって淡いオーロラは見えにくくなります。

　満月のときは一晩中、強烈な月明かりがあります。その明るさは、ライトがなくても歩き回れるほどです。淡くて暗いオーロラはとても見えにくい状態になります。一方で、周りの景色が月明かりに照らされ、かつ無数の星が見えている様子は幻想的で、まるで昼間に星を見ているようです。そこにオーロラが加われば、よりドラマチックな光景になります。

　下弦のころ、月は夜半ごろに昇り、明け方に空が明るくなるまで月明かりが残ります。その後は日に日に月が細くなると月の出も遅くなり、月明かりの影響も次第に少なくなるため、オーロラは見やすくなります。

　写真撮影の場合は、月明かりに対する考え方は少し異なってきます。オーロラだけをねらうのであれば、やはり新月前後がベストといえますが、オーロラ撮影では、地上の風景を上手く写し込むことも重要な要素となるので、いかに上手に月明かりを使うかもポイントになります。それには、上弦や下弦の月明かりが少しある状態の方がよい場合も多いのです。月明かりがあることで木々や建物などが浮かび上がり、臨場感あふれる写真になります。また、写真の中に月そのものを写し込んで、写真のアクセントとするのもよいでしょう。オーロラの写真にバリエーションを持たせるために、月のある時期をあえて選ぶという選択肢もあります。

　オーロラの強さはその都度異なり、満月の明るさをまったくものともしない明るいオーロラが出ることもあります。オーロラ・ウォッチングにおいて月は、オーロラを楽しむための演出の1つとして考えましょう。

月齢と月の見える方角

夕暮れに見える月

夕暮れどきに西の空に見えるのは三日月。
南の空に見えるのは上弦の月。
東の空に見えるのは地平線から昇った
ばかりの満月ごろの月です。

 上弦

 満月

三日月

| 東 | 南 | 西 |

真夜中に見える月

真夜中に西の空に見えるのは
沈みゆく上弦の月。
南の空に見えるのは満月ごろの月。
東の空に見えるのは
地平線から昇ったばかりの
下弦の月です。

 満月

 下弦

上弦

| 東 | 南 | 西 |

明け方に見える月

明け方に見える月は、満月以降の月です。
西の空に見えるのは満月ごろの月。
南の空に見えるのは下弦の月。
東の空に見えるのは、
地平線から昇ったばかりの
新月前の細い月です。

 下弦

 二十六夜

満月

| 東 | 南 | 西 |

満月の高さ

季節によって月の正中高度（一番高く昇る高さ）は変わります。図はアラスカ・フェアバンクスでの満月の高さの例です。9月の満月では、月の高さは地平線から約25度、12月の満月では約48度となります。

■月の出没時刻

　日の出・日の入りの時刻が毎日変わるように、月の出・月の入りの時刻（出没時刻）も毎日変わります。とくにオーロラ鑑賞地が宿泊場所から離れていて、オーロラ鑑賞ができる時間が限られている場合などは、月の出没時刻は知っておくとよいでしょう。

　月は、月齢（欠け具合）によって、おおよそ出没の時間帯が決まっています。夕暮れに見えるのは月齢前半から満月前の月、真夜中に見えるのは上弦〜満月〜下弦の月、明け方に見えるのは満月〜下弦〜新月前の月です。それぞれ月の欠け具合と時間帯によって、月が見える方角が決まっています。

　オーロラ鑑賞地に到着してから月が昇るとか沈むとか、あるいは鑑賞時間の終了するころに昇ってくるとか、出没の時間を知っていることでオーロラ・ウォッチングにより集中できます。

■月の正中高度の違い

　月が一日のうちで地平線から一番高く昇って南と北とを結んだ線（子午線）をまたいだときを「月の正中」といいます。北半球では、満月のときの正中高度は冬に高くなり、夏は低くなります。逆に新月のときは夏に高くなり、冬低くなります。

　また、上弦の月で正中高度が高くなるのは春ごろで、秋には低くなります。下弦の月は秋のころ高く昇り、春のころは低く昇ります。月明かりの影響の少ない、秋の上弦のころや春の下弦のころも、オーロラ・ウォッチングにすすめのタイミングといえるでしょう。

オーロラが出るのを
待ちながら星空鑑賞

■北半球の星空

　オーロラの出現を持ちながら、空を見上げれば、そこには満天の星が輝いています。そんなときには、このページの星図を参考に、オーロラだけでなくすばらしい星空を眺めて、星座散歩はいかがでしょうか。

　まずは北の空を見てみましょう。まず目にとまるのはひしゃくの形をした北斗七星、あるいはW字形をしたカシオペヤ座です。ただし、ふだん日本で見るよりもはるか頭上高い位置で輝いています。

　北斗七星の、ひしゃくの先端にある2つの星の間の距離を5倍先へ伸ばしたところにある明るめの星が北極星です。北極星が輝く方角はほぼ真北になります。その北極星をはさんだ反対側を探せば、カシオペヤ座を見つけることができます。北極圏に近いオーロラ鑑賞地では、北斗七星もカシオペア座も一晩中見えていて、地平線下には沈みません。

冬の星空

北極圏に位置するオーロラ鑑賞地は、太陽が地平線から顔を出さない極夜になる場所もあります。昼の時間が極端に短く、一日のほとんどが夜なので、オーロラが見られるチャンスも増えます。また、夜が長いのでほぼすべての季節の星座を見ることができます。低空をオリオン座が地平線を這うように移動しているのがわかります。

この星空が見える時刻
10月上旬 04 時ごろ
11月上旬 02 時ごろ
12月上旬 00 時ごろ
1月上旬 22 時ごろ

春の星空

春の星空は、明るい1等星が多く見え、にぎやかな印象の星空の季節です。北斗七星とカシオペヤ座が高い位置にあるので、どちらもすぐに見つかります。北斗七星の柄にあたるカーブ（春の大曲線）をたどっていくと、うしかい座のアルクトゥルス、おとめ座のスピカの2つの1等星を見つけることができます。

この星空が見える時刻
1月上旬 04時ごろ
2月上旬 02時ごろ
3月上旬 00時ごろ
4月上旬 22時ごろ

秋の星空

頭上には天空をまたぐように東の空から西の空にかけて天の川が横切っています。カシオペヤ座が高い位置にあるので、そこから北極星を見つけてみましょう。秋の星空には、はくちょう座、こと座、わし座それぞれの1等星であるデネブ、ベガ、アルタイルで形づくる、夏の大三角の姿がよくわかります。

この星空が見える時刻
8月中旬 01時半ごろ
9月上旬 00時ごろ
10月上旬 22時ごろ
11月上旬 20時ごろ

注意：星図の中央が星空を見上げたときの真上、すなわち天頂にあたり、円の周りが地平線を表わしています。星図は、実際の星空にかざすように、方角を合わせて星空を仰ぎ見ると、星や星座がわかりやすくなります。なお、この星図は北緯65度のものです。

■南半球の星空

　南半球と北半球では、同じ星座が見えても、季節はまったく逆になります。北半球では夏に見える星座が、南半球では冬に見えます。また、北半球では天の北極近くにある北極星を中心に星ぼしが回転しているように見えますが、南半球では、天の南極を中心に回転しているように見えます。しかし、天の南極の近くには、北極星のように明るい星がないので、おおよその方角は、十字架の姿をした南十字星（みなみじゅうじ座）や、雲のように見える大マゼラン銀河を目安にします。

　なお、日本では南の空のごく低空に見えることから「見ると長生きできる」といわれている1等星のカノープス近くに、"ニセ十字"とよばれる、南十字星に似た星の並びがあるので注意してください。実際の南十字星は初めて見るとその小ささにビックリするかもしれません。

　南半球で見える星空は、ふだん私たちが目にしている星の並びとはかなり異なります。ふだん見慣れている星は、天頂から北の空にかけて見えていますが、その姿は逆さまです。わかりやすいオリオン座や特徴ある姿をしたさそり座をまずさがして、そこから星座をたどってみましょう。

冬の星空

日本では夏のころ、南半球では冬を迎えます。さそり座が、天頂付近で大きく見え、さそり座の1等星アンタレスも天の川の中でよりいっそう、赤く見えています。いて座付近の天の川銀河の星の多さに圧倒されてしまいます。

この星空が見える時刻
5月上旬 02時ごろ
6月上旬 00時ごろ
7月上旬 22時ごろ

春の星空

日本では秋、南半球では春のころ、南の空には大小マゼラン銀河が、まるで雲のように見えます。日本では長寿星として知られるりゅうこつ座のカノープスが東の空へまわり、西の空ではさそり座が、北の空でははくちょう座が地平線に沈んでいきます。

この星空が見える時刻
8月中旬 02 時ごろ
9月上旬 00 時ごろ
10 月上旬 22 時ごろ

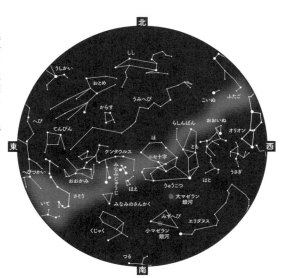

秋の星空

日本では春、南半球では秋のころ、東の空からさそり座が昇ってきて、星空がにぎやかになり始めます。みなみじゅうじ座も南の空高くに見えています。ケンタウルス座のリギル・ケンタウルスやハダル（αケンタウリ、βケンタウリともいいます）、りゅうこつ座のカノープスが天高くまぶしく輝きます。

この星空が見える時刻
2月中旬 01 時ごろ
3月上旬 00 時ごろ
4月上旬 22 時ごろ

注意：星図の中央が星空を見上げたときの真上、すなわち天頂にあたり、円の周りが地平線を表わしています。星図は、実際の星空にかざすように、方角を合わせて星空を仰ぎ見ると、星や星座がわかりやすくなります。なお、この星図は南緯 45 度のものです。

■オーロラと星空

　オーロラ鑑賞では、オーロラばかりに気を取られてしまいがちですが、オーロラと星空のコラボレーションは、それはすばらしいものです。北半球で撮影されたオーロラの写真を注意してみると、北斗七星やカシオペア座が映りこんでいるのがわかります。オーロラ撮影の構図を決める際は、これらの星や星座が見切れずに、しっかり画角に納まるような構図にすると、良いアクセントになります。北半球では北斗七星やカシオペヤ座、南半球では南十字星や大小マゼラン銀河に注目して、うまく構図に入れたいものです。

　また、12月のふたご座流星群や1月のしぶんぎ座流星群など、ふだんより流星が多く流れるときには、流星とオーロラを一緒に楽しめるチャンスです。

　さらにチャンスは限られますが、皆既月食のタイミングでオーロラが出現すれば、赤銅色になった月と星、そしてオーロラというすばらしい光景を目にすることができます。

ピントを合わせようとカメラのファインダーをのぞいていたら、流星が！ 思わずシャッターを切った、流星とオーロラのコラボレーション。

スピッツベルゲン島では、オーロラが活発になると南の低空、写真ではしし座の下にオーロラが出現した。

ニュージーランドでは、大小マゼラン銀河と満天の星、そして低緯度オーロラが楽しめる。

宇宙天気とオーロラ予報

天気予報のように、いつごろオーロラが出そうなのかが予報できれば、オーロラ・ウォッチングがもっと楽しくなると思いませんか。
実は宇宙には「宇宙天気」というものがあります。これは宇宙の風・太陽風の吹き出し具合によって変わる宇宙の環境の変化のことです。宇宙天気を調べることで、オーロラの出現を予想することができます。

■宇宙天気は「世界時」に注意

　宇宙天気の最新情報は、インターネットで簡単に見ることができます。このとき、ほとんどのデータは世界時で表示されていることに注意してください。たとえば、日本の時計は世界時に対して9時間進んでいます。つまり世界時で10月1日12時にオーロラが発生したとすると、日本では10月1日21時だったことになります。一方、アラスカは世界時よりも9時間遅れています。先ほどのオーロラは、アラスカでは10月1日3時だったということです。

　宇宙天気の観測は、北極から南極まで世界各地で、さらに地球を離れた宇宙空間でも行なわれています。これらいろいろな場所で得られたデータをくらべるとき、時計の時刻がバラバラではややこしくなるので、宇宙天気のデータは、イギリスを基準とした「世界時(UT)」という共通の時計(時刻)を使う決まりになっているのです。

■短期予想 〜今夜のオーロラは？

　オーロラは、太陽風の「速度」が速くなるほど、そして太陽風の「磁場」が強く「南を向く」ほど、より激しく輝きます。オーロラ鑑賞ツアーに出かけたときや、インターネットのライブカメラでオーロラの出現を待っているとき、この短期予想で今夜のオーロラの期待度を予想してみましょう。そのためには、今、地球にやって来ている太陽風の状態を知ることが必要です。

　太陽風の最新データは、地球から約150万km彼方の宇宙空間に浮かぶDSCOVR衛星から送られてきます。次のWebページで、現在の太陽風の状態を見ることができます。

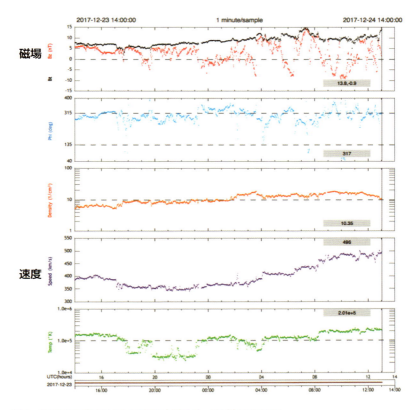

磁場

速度

図1　DSCOVR 衛星による1日間の太陽風データの例（提供 NOAA）

http://www.swpc.noaa.gov/products/real-time-solar-wind

Ｗｅｂページを開くと、最新の1日分のグラフが表示されます（図1）。グ
ラフの左下にある小さいボタンを押すと、グラフの時間幅を6時間や7日
間などに切り替えることができます。また、「Save as Image」ボタンで画
像をダウンロードしたり、「Options」ボタンで図の背景を黒にすることも
できます（夜間に外でこのページを見る場合には、こちらの方が目に優しい
でしょう）。

1. 太陽風の速度をチェック

　図1の上から4つめの紫色のグラフは太陽風の速度です。左端にある400、500などの数字は太陽風の速さで、秒速400km、秒速500kmなどの意味です。現在の速度は、グラフの右端を見てください。この数字が大きいほど、今の太陽風の速度は高く、より激しいオーロラが期待できます。

600以上	すごい！
500〜600	期待できる
400〜500	まあまあかな
350〜400	ちょっと弱いかな
350以下	厳しそう・・・

　図1を例とすると、図の初めのころ(左端)の速度は350km/秒ほどでしたが、時間とともに上昇して、最新の値(右端)では500km/秒に近付いています。今夜はなかなか期待できそうです。

2. 太陽風の磁場強度 をチェック

　次に、太陽風の磁場の強さを調べます。激しいオーロラが発生するために必要なのは、磁場が「南向きに強まる」ことなのですが、そもそも磁場自体が強くなければ、南向きに強まることもできません。現在の磁場強度を調べるということは、磁場がどれだけ強く南を向く可能性があるか、その期待度を調べることになるのです。

　磁場強度は、図1の一番上の黒線のグラフです。このグラフは、0よりも必ず上にあるのが特徴です。

10以上	すごい！
5〜10	期待できる
3〜5	まあまあかな
3以下	厳しそう・・・

　図1を例にすると、磁場強度の黒線は、5nTから次第に上昇して、10nTを超えようとしています。これも、なかなかよい状態です。

3.「南向き」の磁場をチェック

　ここまでの２つのデータは、太陽風からどれだけ大きなエネルギーが地球の磁気圏に流れ込みそうか、その可能性を考えるデータでした。しかし、実際にエネルギーの流れを作り、オーロラを発生させるスイッチとなるのは、南に向いた太陽風磁場の大きさです。太陽風がどんなに高い速度で地球の磁気圏に吹きつけても、磁場が南を向かなければオーロラのスイッチは入らず、膨大なエネルギーは地球の横を通り過ぎるだけなのです。

　図１の一番上の赤線のグラフを見てください。これが、南北方向の磁場の強さです。赤線がプラス側（上側）にあるとき、磁場は北を向いています。また、マイナス側（下側）にあるときは、磁場は南を向いています。赤線がマイナス側（下側）に大きく変化するほど、発生するオーロラも大きくなります。

　このグラフでは、１日全体を見わたして、磁場がどのくらい南を向いているかに注目します。ずっと南（マイナス）側へ振れている、あるいは北（プラス）へ南（マイナス）へと繰り返し変化している場合は、期待が高まります。反対に、ずっと北（プラス）を向いていたり、真ん中の0nTの線くらいまでしか下がらないようだと、ちょっと期待薄です。南（マイナス）に振れ始めるのを待つしかありません。

4. オーロラ発生のスイッチ ON

　では、磁場が南に向くことで、オーロラのスイッチが ON になる様子を見てみましょう。図２の上段は、ある日の太陽風磁場の変化です（16時間の変化）。グラフの前半では、南北成分（赤線）はずっと北（プラス）側にありました。太陽風の速度（400〜450km/秒）や磁場強度（5〜10nT）は、充分期待できる数字ですが、磁場が北を向き続けている限り、オーロラは強まりません。やがて、図の中ほどから急に赤線が南（マイナス）に振れ始めます。すると、地球の磁気圏にエネルギーが流れ始めて、オーロラ発生のスイッチが入るのです。磁場が南（マイナス）を向いてしばらくすると、下のグラフも太さが増しています。このグラフは、オーロラが発生するときに流れる電流の大きさを測っています。太くなっているところではオーロラが明るく輝いていたと考えられるのです。太陽風は、観測している人工衛星から地球に

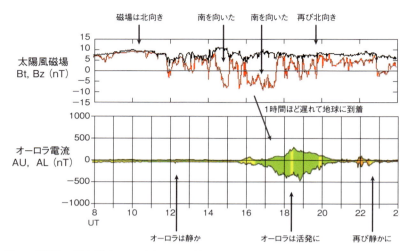

図2　太陽風の磁場が北向きから南向きに切り替わると、オーロラ発生のスイッチが入る
（提供 NOAA, 京都大学 WDC）

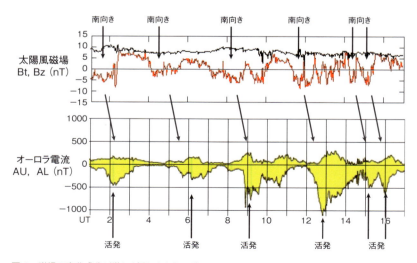

図3　磁場の南北成分が激しく揺れたときのグラフ（提供 NOAA, 京都大学 WDC）

来るまでに 1 時間ほどかかります。オーロラ電流の変化が、磁場の変化から少し遅れて見えるのは、その影響もあります。

図 3 は、磁場の南北成分が南 (マイナス) に、北 (プラス) にと何度も揺れていた日の様子です。赤線が南 (マイナス) に振れるたびに、オーロラ電流のグラフも太くなっているのがわかります。このように、磁場の方向は見事にオーロラ発生のスイッチとして働いているのです。1. 速度、2. 磁場強度に加えて、3. 南向きの磁場 にも目を向けると、より高いレベルでオーロラ予想ができるようになるでしょう。

■中期予想 ～ 3 日後のオーロラは？

太陽風の速度が高くなるほど、より激しいオーロラの発生が期待できます。高速の太陽風は、太陽で発生するコロナホールや CME(コロナ質量放出) に関係しているので、太陽を観察していると、数日前にオーロラの強まりを予想することができます。

1. コロナホールをチェック

コロナとは、太陽を包むように広がっている 100 万度の高温のプラズマのことです。太陽の大気と考えてよいでしょう。太陽のコロナには、プラズマのガスが太陽の外側に向かって勢いよく吹き出している場所があります。コロナのガスが逃げていくため、その場所はガスが少なくなって、ぽっかりと穴が空いたように見えます。これをコロナホールといいます。

太陽を観察している SDO 衛星の AIA193 カメラの写真を見てみましょう。

https://sdo.gsfc.nasa.gov/assets/img/latest/latest_512_0193.jpg

コロナホールからは、太陽の外側に向かって速度の高い太陽風が吹き出しています。太陽は自転しているので、芝生で水をまくスプリンクラーのように、回転しながら太陽系全体に高速の太陽風をまき散らしています。コロナホールを飛び出した高速太陽風は、3 日ほどかけて地球までやって来ます。地球から見て、コロナホールが太陽の中央部に達したときに (図 4 左)、3 日間の秒読みを始めると、高速太陽風の到来を予想することができるのです。(図 4 右)

図 5 は、2017 年 1 月 13、15、17 日の太陽コロナの写真です。矢印の

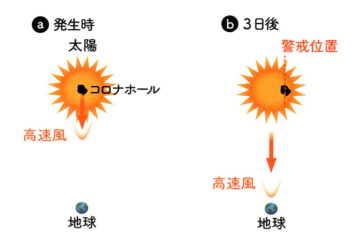

図4　コロナホールから地球へやって来る高速太陽風

　先に広がる暗い領域がコロナホールです。写真を順番に見ると、太陽の自転により、コロナホールは左から右へゆっくりと移動していますね。そして、コロナホールの右端（先頭）は、1月15日に太陽の中央線(点線)に達しています。ここが秒読みの開始点です。

　それでは、3日後の1月18日の太陽風のグラフを見てみましょう（図6）。太陽風の速度は、1月18日に入ったころからどんどん高くなっています。それと一緒に、オーロラ電流のグラフも1月18日から大きく変化しています。　このとき北極や南極の空には美しいオーロラが輝いていたことでしょう。このように、オーロラの発生を3日前に予想できたのです。

　また、このグラフでは、速度の上昇に先立って18日の初めから磁場が強まっていることにも注目してください。このときに磁場が南向きに大きく変化して、オーロラの強い活動を起こしているのです。高速太陽風の到来では、変化の始まりのころのオーロラに注目することをおすすめします。

2. CME をチェック

　太陽では、フレアとよばれる爆発現象やプロミネンスが激しく噴き上がる現象によって、コロナのガスが太陽から噴き出していくことがあります。こ

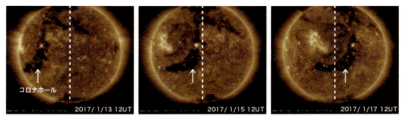

図5　2017年1月13、15、17日のコロナホールの移動の様子。SDO衛星の画像より（提供 NASA）

れをCME(コロナ質量放出)とよんでいます。フレアが起こしたCMEの場合、およそ2〜3日で速度の高い太陽風が地球までやって来ます。プロミネンスの噴出では、太陽風の速度はあまり上がらないので地球まで3〜4日ほどかかりますが、太陽風とともに強い磁場が運ばれてくることが多く、激しいオーロラを期待することができます。CMEの観測には、SOHO衛星のLASCO C3カメラの動画を参照しましょう。

https://sohodata.nascom.nasa.gov/cgi-bin/data_query

このページで、「LASCO C3」、「Movie」を選び、3〜4日前から今日までの日付を指定するとよいでしょう。

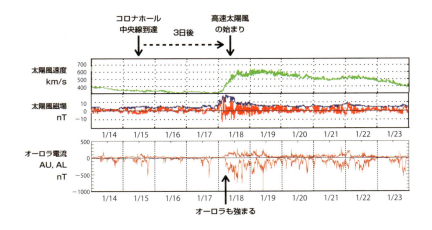

図6　太陽風の速度の高まりにともなって、オーロラ電流も強まる（提供 NOAA, 京都大学 WDC）

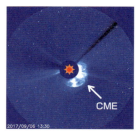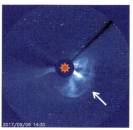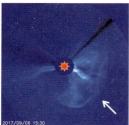

図7　SOHO衛星のLASCO C3カメラによるCME(コロナ質量放出)（提供 ESA/NASA)

　図7は、CMEの例です。写真の中央には太陽があります。その太陽から白いガスが噴き出し、太陽を囲むように丸く広がっています。これを見つけると、2～4日後に地球で激しいオーロラが起きる可能性があります。地球に到達する時間は、CMEの勢いを見るとある程度予想できます。重要なのは、CMEがどちらの方向に噴き出しているかです。太陽から見て地球方向に噴き出していれば、やがて強い太陽風がやって来ますが(図8)、真横に向かっていたり、地球の反対側だったりすると、待っていても空振りになります。

■長期予測 ～1ヵ月後のオーロラは？

　地球から見ていると、太陽は自転のため27日で1回転します。コロナホールも一緒に回転しているので、27日ごとに地球の方向にもどってきます。つまり、速度の高い太陽風は27日ごとに地球に向かってやって来るのです。太陽風のデータを27日ごとに切り分けて並べると、コロナホールによる高速の太陽風が繰り返されていることがわかります。この特徴を使えば、1ヵ月や2ヵ月先の長期予想もできるようになるのです。

　図9は、コロナホールによる高速太陽風が、繰り返し地球にやって来た様子です。太陽風速度のグラフ(図9左)を見ると、最初のグラフは4月1日に速度が上昇していますが、2番めのグラフでは、およそ27日後の4月27日に速度の高まりが起きています。その後も、5月24日、6月21日と、およそ27日ごとに速度の高まりが発生しています。

　図9の右は、オーロラ電流の変化です。こちらのグラフも、速度の高まりと同じころに変化が大きくなっており、オーロラが活発に発生して、オーロラ電流が強まっていたことを示しています。つまり、オーロラもまた27日ごとに繰り返す性質があるということです。

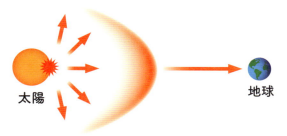

図8　CME が地球へ向かって吹き出した様子

　こうして、グラフの日付を 27 日後、54 日後、81 日後と伸ばしていくと、数ヵ月先の変化を予想することができます。

　27 日周期の変化を見るには、下のページの緑色線の「太陽風速度」に注目してください。

http://swnews.jp/rt/27d_all_27.html

http://swnews.jp/rt/27d_all_15.html

1 つめのページは 27 日幅のグラフを、2 つめのページは 15 日幅のグラフを表示しています。どちらも、日付の差は 27 日です。この図のほかのグラフも読めるようになると、宇宙天気への興味がさらにわいてくるでしょう。

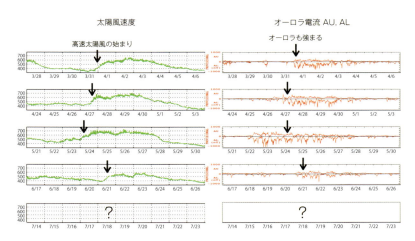

図9　コロナホールによる高速太陽風が繰り返し地球にやって来た様子（提供 NOAA, 京都大学 WDC）

■インターネットでオーロラを楽しもう

北極や南極へ行かなくても、インターネットを使って、
気軽に最新のオーロラを楽しむことができます。
ライブカメラや写真集、オーロラの解説記事など、
探すとたくさん見つかります。そのなかからいくつか紹介しましょう。

(1) 宇宙天気ニュース http://swnews.jp
　宇宙天気の最新情報を解説しているページです。太陽やオーロラの動画など、きれいな映像も多く掲載しているので、眺めるだけでも楽しいでしょう。解説文は最初はわかりにくいかもしれませんが、読み続けていると、このコーナーで紹介したような変化のパターンが見えてくるはずです。

(2) Live! オーロラ (有限会社 遊造) http://aulive.net/
　　YouTube のチャンネル　https://www.youtube.com/user/au55

(3) AuroraMAX （Canadian Space Agency）
http://www.asc-csa.gc.ca/eng/astronomy/auroramax/hd-480.asp
　この２つは、ライブカメラのページです。(2) はアラスカ、(3) はカナダと離れた場所にあるので、オーロラの輝きの違いを見くらべるのもおすすめです。
　オーロラのライブカメラは、このほかにもたくさんあります。ぜひ、お気に入りのカメラを見つけてください。

(4) 昭和基地全天カメラ (国立極地研究所)
http://polaris.nipr.ac.jp/~acaurora/aurora/Syowa
　南極の観測データを公開しているページです。北半球の夏の季節にオーロラを見ることができるので、(2)、(3) と合わせると、１年を通してオーロラを楽しむことができます。

(5) Realtime Aurora Photo Gallery （spaceweather.com）
http://spaceweathergallery.com/aurora_gallery.html
　世界各地のオーロラマニアたちが投稿したオーロラの写真を見ることができます。いつ、どんな場所でどんなオーロラが見えていたのか、撮影情報を詳しく見るのも楽しみです。

第3章
オーロラを
撮りに行こう

オーロラを目で楽しんだあとは、やっぱり写真に残したくなるもの。

写真に写して初めて見えてくるオーロラの姿もあります。

でもオーロラの撮影は初心者にはムリ？

そんなことはありません。ぜひ撮影にもチャレンジしましょう。

Capter.3

オーロラ撮影のきほん

オーロラの撮影はむずかしい？ そんなことはありません。
撮影のポイントさえわかれば、意外と簡単に撮影できます。

■オーロラの撮影はむずかしい？

　美しいオーロラを実際に目にしたら、きっとその光景を写真におさめたくなるはずです。いま自分の目の前にある、ダイナミックに舞うオーロラの姿をしっかりと記録に残したい、多くの人はそう思うでしょう。でも雑誌や写真集で見るような美しいオーロラの写真を撮るのはムリ？ 実はコツさえつかんでしまえば、オーロラの撮影はそれほどむずかしくありません。

　オーロラが撮影できるカメラには、デジタル一眼レフカメラ、ミラーレス一眼カメラやコンパクトデジタルカメラ、フィルムカメラと、いろいろな種類があります。選ぶ条件としては、長時間露出1〜10秒程度、B（バルブ）やT（タイム）など、シャッタースピードのマニュアル露出ができること。最低限この条件さえクリアしていれば、オーロラの撮影は可能です。

　コンパクトデジカメでも、10秒程度の露出が可能で、明るい広角系のレンズが付いている機種であれば、オーロラを撮影することができます。夜景撮影モードや、星空撮影モードが搭載されているデジカメも使えるでしょう。

　もちろん、写真集などで見るようなハイレベルなオーロラの写真を撮影したい場合にはそれなりの機材が必要になりますが、まずは自分のカメラでオーロラが撮影できるかどうか、チェックしてみましょう。

オーロラは、カメラ、レンズ、三脚、
リモートスイッチ（レリーズ）など、
最低限の機材があれば撮影可能！

オーロラの撮影に向いているカメラとは？

デジタルカメラ全盛期といえる最近のカメラ市場では、実にさまざまな種類の機種が販売されています。一般に普及しているカメラは、一眼レフカメラ、ミラーレス一眼カメラ、コンパクトデジタルカメラ、スマートフォン、そしてフィルムカメラに分けられます。

●一眼レフカメラ

交換レンズの種類が多いのが魅力です。光学ファインダーでオーロラをのぞいて構図を決めるので、構図が直感的にわかりやすく、撮影している感覚を楽しむことができます。オーロラ撮影での重要ポイントであるISO感度が、高感度まで使える機種が多いです。バッテリーの持ちもよく、オーロラの写真をきわめたいのなら、一眼レフカメラはぜひ用意したいものです。

●ミラーレス一眼カメラ

ミラーレス一眼の特徴は、レフ構造の鏡がなく電子ファインダーを使うため、小さく軽量であること、そして交換レンズが豊富なことも魅力です。ただし、電子ファインダーの使用がメインとなるため、一眼レフとくらべるとバッテリーの持ちは若干弱くなります。オーロラの動画撮影に向いた機種が多いので、ミラーレス一眼には注目しておきましょう。

●コンパクトデジタルカメラ

小型ながら手軽に写真撮影が楽しめるコンパクトデジタルカメラは、マニュアルモードや花火、夜景モードを使って撮影します。カメラによっては、星空撮影モード、星空のタイムラプス撮影モードを搭載した機種もあります。オーロラ撮影では、シャッタースピードJSO感度、レンズの焦点距離と明るさに注目します。小型なので手袋をはめた状態でのカメラ操作がしにくいのが難点です。また、寒冷地でのバッテリーの持ちはよくないので、予備バッテリーはかならず用意しておきましょう。

●スマートフォンのカメラ

スマートフォンに搭載されているカメラは年々進化していますが、センサーサイズが小さいために、オーロラ撮影は現在のところ明るいオーロラでないかぎり厳しいでしょう。ただしスマートフォンの開発の進歩は著しく、近いうちに高性能のカメラを搭載したものが登場するかもしれません。

●フィルムカメラ

かつてオーロラ撮影といえば、フィルムサイズが35mm判や6×7などの中判カメラでの撮影が主流でした。ただし、撮影枚数や寒冷地でのフィルム交換、航空保安検査での取り扱いなど手間がかかることから、近年はほとんど使われなくなりました。高感度のフィルムも少なく、現在では入手も困難です。しかし、ポジフィルムをルーペでのぞいたときの美しさはすばらしく、今でも魅了されます。

※オーロラ撮影のカメラに求められるもの

- 手袋をはめた状態で操作性がいい
- センサーサイズが大きく、ISO感度が高く（3200以上）設定できるもの
- 10〜15秒以上の長い露出が可能。または、B（バルブ）機能付き
- カメラレンズは24mm以上の広角で、F2.8より明るいもの

オーロラ撮影に適したカメラ

オーロラ撮影に向いているカメラはズバリ、マニュアル機能付きの撮像センサーがフルサイズの一眼レフカメラ、あるいはミラーレス一眼カメラです。まず、オーロラの微細な構造をしっかり表現できることと、露出が細かく設定できるからです。オーロラの形によって撮影したい構図が変わるので、豊富な交換レンズのなかから目的に合った画角のレンズを選びましょう。また、これらのカメラの上位機種では、ISO12800などの超高感度で、短い露出時間で撮影できるので、激しいオーロラの動きを止めて撮影することができます。

■オーロラ撮影に必要なもの

①カメラ(デジタル一眼レフカメラ)

デジタルカメラは、バッテリーが切れてしまうとどうすることもできません。オーロラ撮影のように気温が−30℃以下になるような極低温では、バッテリー切れを起こしたらアウトです。予備バッテリーはかならず用意しましょう。

②カメラレンズ

オーロラの撮影では、14〜24mmぐらいの超広角レンズがおすすめです。24 mm〜28mmは前景を入れての撮影、35mm〜50mmレンズの場合は、オーロラの一部分だけをクローズアップした撮影になります。いずれのレンズにおいても開放F値の明るいレンズが、撮影時の露出を短くできる点で適しています。全天に広がるオーロラを写したい場合には魚眼レンズを使います。

③三脚

オーロラを撮るには長時間露出が必要なため、カメラを三脚にしっかり固定して撮影します。カメラ三脚はできればある程度の重さがあり、ガッチリしたものを選びましょう。少しも重量を抑えたい場合には、多少高価になりますがカーボン三脚がおすすめです。伸縮部のストッパーの形状や伸縮の段数、最高・最低地上高も確認しましょう。また、寒冷地で使用する

ので、手袋をはめた状態で使いやすいものを選びましょう。

④雲台

　たいていの場合、三脚には、2ウェイ、あるいは3ウェイの雲台が付いていますが、オーロラ撮影の写真撮影の際に便利なのは3ウェイの雲台(写真④左)です。ただし、自由雲台(ボールヘッド、④右)はクランプ一つで自由に向きを変えて固定することができるので、オーロラ撮影には圧倒的に向いています。ワンタッチでカメラと自由雲台を取り外せるクイックシュー式の自由雲台がおすすめです。なお、最近流行の動画撮影では、オーロラの動きに合わせて構図を動かすので、3ウェイの雲台や、パン棒という調節用のハンドルのあるシネ雲台を使います。

⑤リモートスイッチ

　シャッターボタンを押す際にカメラがブレないように、カメラに取り付けて使用します（レリーズといわれることもあります）。シャッターを切るスイッチ機能だけのものから、露出時間や撮影枚数を制御できるタイプ、リモコン式のものもあります。また、スマホやタブレットPCを使ったカメラのコントロールもできます。このほか記録メディア、カメラの予備バッテリーがあれば、最低限オーロラの撮影は可能です。

ほかにあると便利なもの

●ヘッドランプ(小型 LED ライト)

　カメラの操作はもちろん、記念撮影の際の照明としても役に立ちます。ただし明る過ぎるものは×。赤色にも灯る機能付きのものがベストです。

●薄手の手袋 、水準器

厚いミトンの手袋の下に、もう1枚薄手の手袋をはめておくと便利。素手でカメラに触れると、凍傷になるので危険です。また、カメラに水準器機能が搭載されていない場合、暗闇のなかでの水平出しは至難の技。外付けの水準器があると便利です。

●レンズ専用ヒーター、ブロアー

カメラのレンズ表面に霜が付かないよう、レンズ専用ヒーターがあると役に立ちます。ブロアーはカメラ清掃時はもちろん、雪の結晶がレンズに張り付いた場合に吹き飛ばすのに使用します。

オーロラ撮影に適したレンズ

　魚眼レンズは、空を一度に写すことができます。ブレークアップのときなど、空一面に広がるオーロラを撮影するのに用います。14mm の超広角レンズ、16mm クラスの対角線魚眼レンズは、画角の対角線が 180 度の範囲を写せるので、地上の風景と大きく弧を描くオーロラを一緒に写し出したいときに使用します。20 mm 前後の超広角レンズは万能選手。1 本しかレンズを持てないときなどには最適です。24mm 〜 28mm のレンズは、撮影した像もきれいな優秀なレンズが多いので、このクラスのレンズもおすすめです。35mm 〜 50mm になると、オーロラ全体を撮るようなものではなく、星座がメインのオーロラ写真やオーロラ活動の激しい一部分を切り取るような感じになります。すじ状に伸びるレイ構造など、オーロラの細かい部分を拡大して撮りたいときに使います。

　オーロラ撮影の際に使用頻度が高いレンズは、35mm 判フルサイズカメラでいうところの 14mm 〜 24mm ぐらいの単焦点レンズです。オーロラの形や鑑賞地のロケーションに応じ、レンズの焦点距離を使い分けましょう。ただし、1 本しかレンズを持っていけないような場合には、超広角系のズームがおすすめです。この場合、できるだけ F 値の明るいものを選びましょう。8mm 〜 16mm という、魚眼レンズ〜対角線魚眼ズームというレンズもあります。

■デジタルカメラの焦点距離と画角

　デジタルカメラの場合 35 mm 判カメラの用のレンズを使用しますが、使用するカメラが APS サイズだったりすると、35mm 判の画角とは大きく異なります。たとえば、16mm のレンズを APS-C サイズのカメラで使用すると、約 24mm の画角になってしまいます。これは、デジタルカメラの撮像センサーの大きさが 35mm 判のフイルムサイズにくらべて小さいからで、画角が狭くなることは注意しておかなければなりません。さらに、デジタルカメラでの撮影の場合、フイルムカメラ時代のレンズではなく、デジタルカメラ用に設計されたレンズの方が、オーロラをきれいに撮ることができます。

■カメラレンズと画角の関係

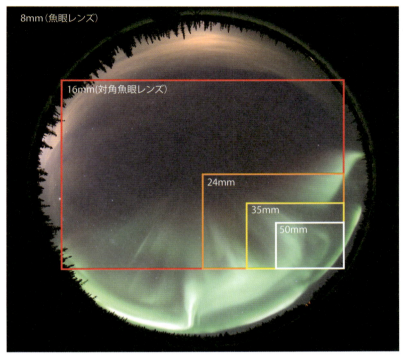

　オーロラに対してカメラレンズの写野が、おおよそどのくらいなのかを、35mm判のフルサイズを元に示してあります。元の円形写真になっているのは8mmでの魚眼レンズによるものです。オレンジ色の枠が対角線魚眼レンズで16mm。白が24mmレンズ、黄色が35mmレンズ、水色が50mmの画角になります。レンズの焦点距離で写すことのできるオーロラの姿が異なるのがわかります。

■デジタルカメラのセンサーの大きさの違い

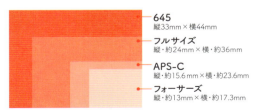

645
縦33mm×横44mm

フルサイズ
縦・約24mm×横・約36mm

APS-C
縦・約15.6mm×横・約23.6mm

フォーサーズ
縦・約13mm×横・約17.3mm

オーロラの撮影には、大きな撮像センサーを使ったものが有利。

オーロラ撮影時のデジタルカメラの設定

ここではデジタルカメラでオーロラ撮影をするときに必要なカメラの設定について紹介します。

■ ISO 感度

オーロラ撮影では、ISO3200 ～ 6400ぐらいの感度を使用します。カメラによっては 12800 と非常に超高感度で撮影できるカメラもありますが、ただ感度を上げればよいというものではなく、感度を上げるとともにノイズも増えてきます。必要に応じて使い分けます。

■ 記録画質

JPEG の最高画質を基本に使うことをおすすめします。ハイクオリティなオーロラ写真を求めるのであれば、画像処理の際、自由度が高い RAW データで撮影しましょう。ただし 1 画像あたりのデータ量が多く、撮影枚数が少なくなります。また、記録メディアに余裕があれば、RAW と JPEG画像を同時に保存すると後々便利です。

■ ホワイトバランス

オーロラ撮影の場合、ホワイトバランスは、オートのままで問題ありませんが、遠くの町明かりが雲や地面の雪に映っている場合などは、ホワイトバランスが大きく崩れる場合があります。このような場合には、太陽光モードに固定します。撮影に慣れたら色温度の数値を変えて、オーロラの色をコントロールすることもできます。

■ 長時間露出時のノイズ低減

露出時間が長いとノイズを生じ画質に影響をおよぼします。そこで露出した時間と同じ時間だけシャッターを閉じて撮像センサーを駆動し、ノイズを減算させる処理をカメラ内部で行ないます。ノイズは減りますが、通常の露出時間の 2 倍の時間がかかってしまいます。

■ 液晶モニターの明るさ

夜の暗さに目が慣れてくると、カメラの液晶モニターがまぶしく、また、周りで撮影している人の邪魔にもなります。撮影中は、液晶モニターの明るさを暗くしておきます。撮影後のモニターチェック時に、光がもれて周りの人に迷惑をかけない注意や工夫が必要です。

■ 水準器

地上の風景を入れて撮影する際にはとくに、カメラが水平に設置できているか確かめられる水準器があると便利です。最近のデジタルカメラには水準器が内蔵されているものもあり、とても便利です。

■ ピント合わせ

デジタルカメラでのピント合わせは、慣れないうちは非常に厄介です。撮影対象が暗いのでオートフォーカスではピントが合うことはほとんどないため、マニュアルフォーカスでピントを合わせます。また、マニュアルフォーカスレンズは無限大∞マークに合わせれば、無限大にピントが合いますが、オートフォーカスレンズは、∞の位置があいまいなので、ピント合わせには、ライブビュー機能を使い、徐々に拡大率を上げピントを合わせていきます(追い込みます)。オーロラ撮影時のピント合わせは、空に輝いている星や、はるか遠くに見える電灯などの灯りを利用します。なお、オーロラ撮影で使用する魚眼レンズや超広角レンズの場合、集光力が足りないので、ライブビュー機能でピントを合わせるのにも星が小さく暗いので慣れが必要です。また、ライブビューのモニターが見えにくい場合は、ルーペを使うと見えやすくなります。

オーロラ撮影の手順

1. 屋外へ出る前にチェック

暖かい室内で防寒着を着る前に、デジタルカメラに記録メディアが入っているか、空き容量は充分あるか、バッテリーの残量は充分あるか、ISO 感度設定は合っているか、リモートスイッチがきちんと動作するかを確認します。このとき予備のバッテリーなどは防寒着の内ポケットなどにしまっておきましょう。ストロボ内蔵のカメラは、誤ってストロボが発光しないようにかならずストロボを OFF にしておきます。

2. 屋外へ出たらレンズとカメラ設定

身じたくをすませ屋外へ出たらまず、レンズキャップを外し、レンズフードを取り付けます。次はカメラの設定です。オーロラの様子を見て、シャッタースピードや絞りなどを設定します。さらにリモートスイッチをカメラに接続します。なお、シャッタースピードや絞りなどの設定は、おおよその数値をあらかじめ室内で設定しておきましょう。

3. 撮影位置を決めカメラを固定

撮影場所が決まったらまず三脚を立てます。なるべく水平を出して(水平になるように)設置しましょう。構図を決める際、暗闇のなかでファインダーをのぞいて水平を出すのはむずかしいものです。三脚を設置したら、カメラを三脚に固定します。

4. カメラ設定の再確認

AF (オートフォーカス) のレンズの場合は MF (マニュアルフォーカス) に切り替わっているか、露出モードが M (マニュアル) モ

ードに設定されているか確認します。スト
ロボ内蔵のカメラは、ストロボが OFF に
なっているかを再確認します。

5. 露出時間、絞り、感度設定

あらかじめ決めていた感度設定のもと、ま
ず絞りを確認します。通常、絞りはそのレ
ンズで一番明るい絞り(一番小さい数字)か、
ひと絞り絞った状態で使用します。このと
きオーロラの様子を見て露出時間（シャッ
タースピード）を調整します。

6. ピント合わせ

ライブビュー機能のあるカメラでは、明る
い星などを使って精密にピントを合わせま
す。それでもよく見えない場合には、液晶
モニターにピントルーペを当ててさらに拡
大してピント調整を行ないます。ライブビ
ュー機能のないカメラでは、ピント位置を
∞マークの位置に合わせます。ピントが合
ったら撮影中ピントの位置がずれないよ
う、ピントリングが動かないように、テー
プなどで止めておくようにしましょう。

7. フレーミング

カメラをのぞいて構図を決めます。構図が
決まったら、水平がきちんと出ているか、
構図のなかに電線などが入り込んでいない
かなどを念のため確認します。

8. 撮影開始

シャッターボタンを押す前に、シャッター
スピード、絞りなど、オーロラに対して露
出が合っているかを確認し、OK ならシャッ
ターを切ります。あとは、オーロラに合わ
せて露出時間や構図を変えながら撮影し
ます。撮影中は、レンズの霜やバッテリー
切れに注意します。

オーロラ撮影成功のコツ

オーロラの撮影はコツさえわかれば比較的簡単です。ただし、極寒の地で真っ暗というふだん経験しないような場所での撮影になるので慣れが必要ですし、操作ミスも起こしやすくなります。そのため、一度部屋を真っ暗にした状態で、撮影手順をシミュレーションしておくとよいでしょう。また、初めてのオーロラ・ウォッチングの場合は、まずはオーロラを存分に眺めてください。撮影はその後です。オーロラの撮影では、何より落ち着いて撮ることが成功のカギ。まずは美しいオーロラを自分の目で楽しんでから、撮影を始めることをおすすめします。

デジタルカメラの露出時間

デジタルカメラの最大の利点、それは撮影した直後に画像を確認できることです。オーロラの露出時間は、ISO 感度、レンズの F 値、月明かりや町明かりの有無などで変わってきますが、デジタルカメラであれば、まず試しに撮影して、その画像を見ながら調整していくことができます。実際の撮影では、下にあるデジタルカメラによるオーロラ撮影の露出表をもとに、オーロラの明るさに応じて露出を調整するのがよいでしょう。デジタルカメラはフィルムのような相反則不軌がないので、フィルムにくらべ短い露出で撮影できます。たとえば感度を 12800 まで設定できるようなカメラで、短時間の露出で撮影すると、これまでアマチュアでは撮影できなかった微細な構造まで写せるようになりました。また、オーロラの繊細な色合いをできるだけ忠実に再現したい、ハイクオリティな写真が撮りたいという場合や露出の設定に不安があり、後日パソコンでの修正などを考えている場合は、RAW データで撮影しておく方法もあります。

デジタルカメラによるオーロラ撮影露出時間（秒）

ISO ＼ F 値	1.4	2.0	2.8	4.0
3200	2	4	8	16
6400	1	2	4	8
12800	0.5	1	2	4

オーロラ撮影の実践ヒント
オーロラ撮影では、この3点に注意！

1. ボケに注意

　オーロラは地上おおむね100km以上も離れた所で起こる現象ですから、フォーカスは無限大（∞）に合わせます。また、オーロラははっきりした輪郭を持たないので、カメラモニターで拡大しても、ピントが合っているかを判断するにはわかりにくい対象です。そこで、星をピント合わせに利用します。星にピントが合っている写真をカメラモニターで拡大すると星は鋭い点像を結びます。それに対して、ピントが合っていない場合には、星がドーナツ状になったり、光が拡散して点像を結びません。ましてや大きくピントが外れた際には星像が確認できないほどです。オーロラを撮影した最初の写真は、撮影後すぐにカメラの液晶モニターで拡大し、星にピントが合っているかを確認しましょう。

　たいていのレンズには距離の目盛りが刻まれていますが、実はこの目盛りが曲者です。正確に目盛りに合わせているのに、なぜかピントが合っていないということがよくあります。無限大（∞）にピントを合わせる際、目盛りはあくまでも目安と考えてください。とくにズームレンズは、ピント合わせのほかに焦点距離が変わることで、無限大の位置が大きく変わることがあります。ピント合わせは慎重に行なう必要があります。

　ピント合わせは、カメラのライブビュー機能を利用するか、日中のオートフォーカスが利く明るい時間帯に、なるべく遠い風景で輪郭のはっきりしたもの（ビルや山や森と空との境界線など）で合わせ、マニュアルフォーカスに切り替え、フォーカスリングが動かないように

ピンボケの例

テープなどでフォーカスリングを固定するという方法もあります。夜間の場合も同様、なるべく遠くの輪郭のはっきりとした建物や窓のライン、または木の枝などを手持ちのライトなどで照らし出し、ライブビューでピントを合わせます。

2. ブレに注意

　カメラ本体にくらべ三脚は軽視されがちですが、オーロラ撮影の成功の秘訣の一つは、がっちりした三脚を使うことです。オーロラの撮影では、カメラのブレは大敵です。しかし、カメラの液晶モニターではブレの確認はむずかしく、パソコンのモニターで拡大することによって気が付くことがほとんどです。三脚の大きさはカメラの重さに見合ったものを選ぶことも重要で、旅用として携行しやすい安価な小型軽量タイプのなかには、長い露出を必要とするオーロラ写真には不向きであるものも少なくありません。どうしても貧弱な三脚を使用せざるを得ない場合には、かならずリモートスイッチか、カメラ内蔵のセルフタイマーを利用します。

3. 傾きに注意

　うっとりとオーロラに見とれていたあまりに、できあがった写真を改めて見たら、構図が大きく傾いていたなどということもあります。傾きだけの問題であれば、画像修正ソフトで修正も可能ですが、トリミングをともないますので、修正角度が大きいほど、修正後の写真は小さくなってしまいます。きちんとした水平を取るには、三脚に付属の水準器やカメラ内蔵の水準器で確認するとよいでしょう。水準器がない場合には、カメラから少し距離を置いて後方から風景全体を眺めることで、カメラのおおよその水平を合わせることができます。

オーロラ撮影時における、その他の注意

1. 周囲への配慮を忘れずに

　オーロラ鑑賞地でカメラ設定を操作する際にあわてないためにも、赤色灯付きのヘッドランプを用意しましょう。周囲の人に迷惑をかけないためのマナーとして手元だけを照らすように。ペンライトでは片手がふさがってしまうのでヘッドランプがおすすめです。そして撮影中の人には近付かず、むやみにライトは点灯しないようにしましょう。

2. 自分の息に注意

　－30℃以下まで冷えた世界では、吐く息もあっという間に凍ってしまい

ます。なるべくカメラのファインダーや、とくにレンズの前面に息がかから
ないよう注意が必要です。レンズに息がかかると一瞬でレンズに霜がついて
しまい、撮影ができなくなります。

3. バッテリーは温存、予備も充分に用意

低温下でデジタルカメラを使用するとバッテリー性能が著しく低下しま
す。バッテリーの消耗を防ぐためにも、撮影待ちの間はカメラ本体からバッ
テリーを抜いて、ポケットのなかなどで保温しておくとよいでしょう。オー
ロラの活動が活発になってきたときに、運悪くバッテリー切れなどという事
態を招かないためにも、あらかじめフル充電しておくことに加え、予備バッ
テリーを充分用意することも忘れずに。

4. カメラ本体やレンズの結露を防ぐ

撮影中、カメラは外に出しっぱなしが基本です。カメラを頻繁に屋内へ出
し入れすると結露を招く心配もあります。また、カメラの撮像センサーは冷
えるほど長時間露出時のノイズが少なくなるという恩恵が期待できます。た
だし、カメラを出しっぱなしにする場合には、レンズキャップを装着し、直
接外気に触れて夜露や霜がつかないように帽子やマフラーなどでカメラ本体
をくるんでおきましょう。

また、カメラ本体を屋内に入れる場合、そのまま持ち込むと屋内の湿気で
あっという間に結露してしまう恐れがあるので、屋内の空気に直接触れない
よう、戸外でカメラバッグに収納するかジップロックなどで密封してから持
ち込むようにします。また、設定に夢中になるあまり、カメラの傍らで自分
が息を吐いていることに気が付かず、呼気に含まれる湿気でカメラ本体ばか
りでなく、レンズ面に霜がついてしまうこともあるので注意が必要です。

5. 素手で金属に触れない

金属性のカメラや三脚の金具に注意。湿った
手で直接触れると指先が金属に張り付いてしま
います。三脚にテープなどを巻いておくと安心
です。手袋をはめず長時間、素手で作業してい
ると凍傷になる危険性もあるので注意しましょ
う。

結露したカメラ。こうなってはしばらく撮影はできません。

タイムラプス撮影

■オーロラのタイムラプス撮影

　瞬く間に大きく形を変え乱舞するオーロラの姿を目の当たりにすると、その動きを記録してみたいという衝動に駆られます。それを手軽に実現できるのがタイムラプス撮影です。一定の間隔で連続撮影した数多くの写真（静止画）から動画を作成することで、まるで時間を早回ししたかのような、オーロラや星の動きが写し撮られた動画を手軽に作成することができる撮影法です。

■タイムラプス撮影に必要なもの

　タイムラプス撮影といっても、特別なものは必要ありません。基本は前項で紹介した写真撮影と同じです。カメラを固定したまま一定の間隔で連続撮影を行なうことで、タイムラプス映像の素材となる連続写真を得ます。連続撮影中にカメラの向きが変わってしまわないようしっかりと固定しましょう。

　一定の間隔で連続撮影することをインターバル撮影といいますが、このインターバル撮影で必須なのが、インターバル時間や撮影回数を設定することで自動で連続撮影できるタイマー機能付きのリモートスイッチや、タイマーコントローラーです。各カメラメーカーやサードパーティ製のものが多く発売されています。オーロラ撮影では低温下でも確実に動作するものを選ぶことが重要です。

　また最近のカメラのなかには、インターバル撮影機能を持ったものもあります。スマートフォンを Wi-Fi などで無線 LAN 接続してリモート操作やインター

オーロラをインターバル撮影した画像から作成したタイムラプス映像
ISO8000、15mm F4.0（絞り開放）、露出 2 秒、インターバル時間 2 秒。4 フレームごと 8 フレームを抜粋。

バル撮影できるアプリもありますので、カメラを選ぶとき、あるいは自分の持っているカメラにこの機能があるかチェックしてみてください。また、インターバル撮影した連続写真から、自動的にタイムラプス動画を作成してくれる機能を持ったカメラも発売されています。

予備備バッテリーと外部電源
予備バッテリーとモバイルバッテリーから電源を供給できるサードパーティ製の外部電源

■タイムラプス撮影で注意すること

　タイムラプス撮影では、撮影が数十分からときには数時間と長時間にわたって撮影を続けることがあります。その際、記録メディアが撮影中に一杯になってしまったり、バッテリーが切れてしまうとそれまでの撮影が台無しになってしまいます。多くの画像を保存することができるよう、大容量の記録メディアを用意するようにしましょう。最近では SD メモリカードは 64GB のものが容量当たりの単価も安く一般的になってきていますし、SDXC メモリカードなら 64GB ～ 512GB のものも利用できます。また、連続撮影中にバッファが一杯になってしまうと撮影が中断されてしまうこともありますので、メモリカードの最大書込速度はなるべく速いものを選ぶようにしましょう。また、バッテリーはかならず予備のものも用意します。インターバル撮影を途切れさせないため、バッテリーを複数装着することができるバッテリーグリップ、AC 電源やモバイルバッテリーから電源供給できる外部電源アダプターなどを利用するのもよいでしょう。

　カメラレンズへの結露防止対策も重要です。結露防止用のヒーターなどを使って、カメラレンズを外気温よりわずかに温めるようにし、結露しないように注意します。ヒーターやカイロはマジックテープなどを使ったバンドでカメラレンズに巻き付けるように取り付けるとよいでしょう。

■カメラの設定とインターバル時間の決め方

　タイムラプス撮影時のカメラの設定は、マニュアル撮影が基本です。ISO 感度はカメラの持つ最大常用 ISO 感度ほどにし、カメラレンズの絞り値は開放絞りとします。F1.4 などの明るいレンズは、画質向上のために 1 ～ 2 絞り程度絞って使ってもよいですが、F2.8 より暗いレンズでは絞り開放で充分です。

　ISO 感度やレンズの絞り値、シャッタースピードなどは、インターバル撮影中に設定が変わってしまうと、映像にした際にちらつきが発生して見苦しくなるので、オートは避けて固定値にします。ホワイトバランスも同様で、事前にテスト撮影して好みの固定値に設定します。昼光～蛍光灯の間で試すとよいでしょう。

　オーロラのタイムラプス撮影で大切なのは、シャッター速度とインターバル時間のとり方です。シャッター速度はオーロラの明るさや変化の大きさにもよりますが、肉眼でかすかに見えるような淡く変化の少ないオーロラの撮影で 10 秒から 30 秒ほど。逆に眩しく感じるような明るく変化の激しい活発なオーロラの場合は、1 秒～ 10 秒といった速いシャッター速度を選びます。

　一方、インターバル時間はシャッター速度にタイムラグ（シャッターチャージや画像転送にかかる時間で、通常 1 ～ 3 秒ほど）を足した値に設定します。インターバル時間を設定せずに、カメラを連写モードに設定して、リモートスイッチなどを使ってシャッターを切り続けることでも撮影できます。いずれも撮影中にバッファが一杯となってしまわないような最適値を事前に調べておきましょう。

　インターバル時間を 1 秒とした場合は 30 倍速の、10 秒あるいは 30 秒とした場合はそれぞれ 300 倍速、900 倍速のタイムラプス映像ができあがります。

　最後にインターバル撮影をどのくらいの時間続けるとよいかを考えてみましょう。一般的なテレビ放送などの映像は 1 秒間で 30 フレームの静止画から成り立っています。これを基準にタイムラプス映像を作成することを考えると、5 秒

間の映像を作るのには 150 コマの静止画が必要となります。タイムラプス撮影を行なうときは、のちに複数のカットを動画編集することなどを考えて、1 カットを 5 秒以上になるよう撮影しておくとよいでしょう。たとえば、インターバル時間を 5 秒で撮影するときには、12.5 分以上の総撮影時間が必要ですし、30秒なら 75 分以上の総撮影時間が最低限必要となります。

■タイムラプス撮影の応用

　タイムラプス撮影では、インターバル撮影中にしっかりとカメラの視点（画面）を固定して撮影するのが基本ですが、最近はカメラワークを駆使したダイナミックな映像をよく見かけるようになってきました。

　ここではカメラワークの基本となるパン（Pan) について紹介します。パンとは視点（カメラ位置）を固定したまま上下左右にカメラを振る（向きを動かす）カメラワークです。とくに水平方向にカメラを振るパンは風景の広がりを表現するのに適したカメラワークで、星空やオーロラのある風景のタイムラプス撮影などでよく使われます。水平方向のパンは 1 軸可動のカメラ台で実現できますので、タイムラプスの撮影に慣れたら次のステップとしてぜひ挑戦してみてください。

■静止画から動画を作成するには

　タイムラプス映像の作成は、カメラからパソコンに静止画を取り込んで、それらを素材に動画を作成するという形が基本となります。Adobe Premiere Elements などの連続した画像から動画を作成できる、動画編集ソフトを用意しましょう。手軽にタイムラプス映像を作成してみたいという人は、インターネットから入手できるフリーソフトなどを上手に組み合わせて利用することもできます。有用なオンラインソフトウェアやアプリが多くありますので、自分好みのものを探してみてください。

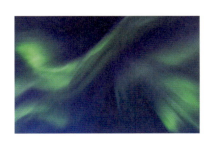

デジタルカメラによる動画撮影

デジタルカメラの進歩は目ざましく、オーロラの動画撮影がいよいよ可能な時代になりました。ここでは、オーロラの本格的な動画撮影を可能にしたソニーのα7S（本体のみでは2K、外付けレコーダーで4K撮影可）とその後継機α7S Ⅱ（2K、4K撮影可）をベースに、オーロラの動画撮影方法について解説します。

①動画撮影に適したレンズ

　動画撮影の基本となる1秒間30フレームの撮影では、使用するレンズの明るさ（F値）が最重要ポイントとなります。画角は写真撮影と同じように広角が有利ですから、広角系でとくに明るいレンズを選ぶことになります。カメラメーカー純正のレンズに限らず、交換レンズメーカーのものでも、この条件を充分に満たす魅力的なレンズがあります。

　p.103の作例では、20mmF1.4の明るさのレンズを使いました。カメラはソニーのα7Sシリーズのカメラで撮像センサーはフルサイズです。また、APS-Cサイズへのクロップ機能を利用して撮影した場合、12mmF2.0（35mm換算で約18mm）というチョイスもあります。この場合、4Kはフル規格とはなりませんが、何より安価である点が魅力的です。写真撮影の場合と同様

α7SIIにマウント変換アダプターを介して
シグマの20mmF1.4を装着した例

α7Sにマウント変換アダプターを介して、
ニコンの10.5mmF2.8を装着した例

にピントの位置は無限大に設定します。無限大の設定方法は p.93 を参照してください。

②シャッター速度の設定

　オーロラ撮影において、動画のフレームレートは、基本的には 30fps（1 秒のフレーム数と同じ 30 分の1）を使用します。感度設定との兼ね合いもありますが、たとえば F2.8 などの魚眼レンズを使用する場合は 20 分の1、15 分の1 などに設定することもあります。しかし、シャッター速度を遅くするとその分 1 フレームあたりの露出が増して見かけは明るく写りますが、スローシャッターになるのでパンやティルトなどのカメラワークを入れると星や街灯の光跡が尾を引いたように流れてしまう傾向があります。スローシャッター特有の像の流れを嫌う場合は、感度を上げましょう。シャッター速度と感度に関するバランス感覚は、映像の滑らかさとノイズの乗り方を考慮し、自分の好みを探しておくとよいでしょう。

③感度の設定

　夕暮れ時は ISO6400~12800 でも撮影できることがあります。暗くなるにつれて ISO25600~ISO51200 と上げていき、最高は ISO102400（前記の F2.8 魚眼レンズを使用する際など）くらいまでを使用します。

④ホワイトバランスの設定

　状況に応じてホワイトバランスは使い分けましょう。たとえば、日没直後や日の出直前ならデイライトもしくは蛍光灯のデイホワイト、深夜帯は蛍光灯のウォームホワイト、クールホワイト、デイホワイトなど、状況に応じて切り換えます。光害（人工光の影響）によって雲や空に赤味が生じる場合は、極力影響が少ない設定をその都度試して、最適なものを選びます。

⑤バッテリーについて

　カメラ用の純正バッテリーは、極寒地では著しく消耗します。一晩中撮影をする予定なら、予備が 4 〜 5 個あると安心です。バッテリー収納部の蓋はグリップの下部にあり、撮影しないときにも簡単に外すことができるので、こまめに取り外してポケットのなかなどで温めておくのも有効です。

⑥動画撮影に適した三脚

写真用三脚と動画用三脚にはその用途から、いくつかの違いがあります。大きく違うのは、動画撮影では撮影中にカメラの向きを変えるために動かすことです。静止画（写真）撮影では、カメラが動かないようにしっかりと固定しますが、動画撮影ではパン（左右の動き）やティルト（上下の動き）などがあり、三脚はこのカメラワークができるような構造になっています。また、動画用三脚はこれらのカメラワークがスムーズに行なえるよう雲台の部分からグリップのついた長めのバー、パン棒が出ています。また、動画用三脚は水平出しができるように、ボールレベラーを備えているのも大きな特徴です。

雲台下部にボールレベラーを備えた動画用三脚。このタイプは水平出しが容易。

写真用三脚と動画用雲台を組み合わせたもの。伸縮による水平出しはいささか不便。

⑦記録メディア（メモリーカード）の選び方

2Kで撮影するか、4Kで撮影するか、さらに、どの程度の時間撮影するかにより、必要となる記録メディアの種類や容量も変わります。撮影する条件を考慮し、カメラの説明書を参考に必要な容量の記録メディアを用意します。詳細についてはカメラの説明書を参照してください。

■動画撮影の魅力

　実際に撮影した映像を再生してみると、タイムラプスでは再現できなかった優れた点に気が付きます。まず、燃え盛る炎のように激しく動き、かつ、明滅するオーロラのブレークアップのダイナミックな姿を、ありのままの動きの速さでとらえることができるのに驚くでしょう。特筆すべきは、大気のゆらぎさえリアルに感じさせてくれる星の瞬きまで映し出されることです。秋、オーロラの光を浴びて緑色に照らされながら悠々とたゆたう川面に踊る星のきらめきも、冬、月明かりに青白く浮かび上がる雪原に散りばめられた宝石のように輝く雪の結晶も、動画だからこそ撮影可能な息を飲むような美しい光景です。

　撮影した動画は、編集ソフトでタイトルなどを入れ音楽を加えることによって映像作品として仕上げることができます。大画面のテレビスクリーンに映し出される映像は、写真で見るオーロラとは別世界の感動を与えてくれることでしょう。

　かつて、8ミリフィルムや16ミリフィルムで映画を撮っていた世代としては、テレビ局などの特殊な機材でしか撮影できなかった超高感度動画の世界を身近に楽しめる時代が到来した喜びを素直に感じられずにはいられません。皆さんもぜひオーロラの動画撮影に挑戦してみてはいかがでしょうか。

◆オーロラの動画の作例（http://www.natureimage-alaska.com/）

　上記のネイチャーイメージのホームページ内「オーロラ・ウォッチング・ガイド」動画コーナーから、オーロラ動画を見ることができます。

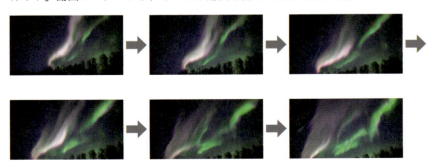

オーロラ記念写真

「自分が見た本物のオーロラと一緒に写真に写りたい！」
オーロラを見たことのある人だけではなく、
これからオーロラに会いに行こうという方も、
きっとそんな夢を抱くのではないでしょうか。
ここでは、そんなオーロラとの記念写真を撮るコツを、
具体的な作例をもとに解説します。

　オーロラ記念写真の撮影は決してむずかしいものではありません。オーロラが撮影できるデジカメがあれば、コツさえつかめば誰でも楽しめるものです。どのようにすればオーロラ記念写真がうまく撮影できるか、実際の作例を挙げながら解説します。

① LED ライト使用による撮影

　LED のヘッドランプやスマホ内蔵の LED ライトを使用して撮影する方法

作例1．LED ライトを使用して撮影した写真

です（作例1）。LEDライトは、電池の状態やランプの個々の性能によって、明るさや光の照射角度が異なるので、あらかじめテスト撮影をしておくとよいでしょう。

　カメラの設定はフルサイズセンサーのカメラでISO感度6400（レンズの絞りは開放）を基本とし、ピントは無限大（∞）が原則です。オーロラが明るいときには露出時間を短くします。なるべく短い時間で撮影したほうが被写体となる人がブレないからです。もしISO感度を半分の3200に設定した場合、ISO6400では5秒で写るものが、倍の10秒を要することになります。なお、LEDライトはずっと当てるわけではなく、被写体に向けて照射する時間は1秒程度で充分です。

　この場合、LEDライトを操作する人は一緒の写真に写ることはできません。みんなで一緒に写りたい場合は、カメラ内蔵のストロボを使用する方法があります。しかし、光が広範囲に拡散することと、光が強過ぎるため、周りの人に迷惑をかけてしまいます。ストロボの使用は極力控えたほうがよいでしょう。どうしてもストロボを使用せざるを得ない場合は、周囲の人にひとこと声をかけ、了解を得てから撮影するか、なるべく他者から離れた場所に移動して撮影しましょう。

作例2.　月明かりのみで撮影した写真

また、ストロボを適度な光量に落とすために、通常はパラフィン紙をかぶせて調整しますが、ティッシュペーパーを1枚、もしくは2枚かけて覆うなどしても代用できます。光量調節可能なストロボの場合はあらかじめ任意に調整もできます。

　セルフィー（自分撮り）のオーロラ記念写真は、カメラのストロボをオンにして、セルフタイマーを10秒に設定します。シャッターボタンを押して、セルフタイマーが作動している間に所定の位置に移動しポーズを決めます。

②月明かりのみでの撮影

　記念写真といっても、LEDやストロボなどの光源がかならずしも必要なわけではありません。手持ちの光源がなくてもある条件下では人物を入れた記念写真が撮影できます。光源を利用した際とは異なる、より印象的なシーンを作り出すことも可能です。たとえば月明かりを利用する方法です。

　作例2は、月が明るい夜に被写体となる人をあえてシルエットで撮影することにより、風景写真のなかに人が溶け込んだように仕上げたものです。

　月明かりを利用して撮影する場合に注意する点は、シルエットとなる人物と、背景となる景色、この場合は雪原や氷などとのコントラストが際立つ位

作例3．オーロラ光のみで撮影した写真

置関係を見きわめて撮影に望むことです。

　セルフィーの場合は、ストロボをオフにしてセルフタイマーを10秒に設定します。セルフタイマーが作動している最中に所定の場所まで移動し、ポーズを決め、露出中はじっと動かないようにしましょう。

③オーロラ光のみでの撮影

　オーロラが明るいときには、雪面や氷面を緑色に照らし出すことがあります。この特徴を利用した撮影方法です。この場合も、月明かりのみでの撮影のように光源は使用しません。作例3は、オーロラが充分に明るいとき、一部地下水がしみ出して凍った氷面に被写体となる人物を配置して撮影したものです。長時間露出によって、オーロラからの淡い光が被写体となる人物の影を氷面に落としているのがわかります。セルフィーの場合は、ほかの記念写真と同じようにセルフタイマーを使用します。

④薄明、薄暮の空を背景にした撮影

　薄明、薄暮の空を背景にした記念写真は、基本は通常のオーロラ撮影と一緒です。気を配る点は、空の明るいところに人を配置することです（作例4）。

作例4. 薄明、薄暮の空を背景にして撮影した写真

飛行機からオーロラを撮る

　オーロラ・ウォッチングで意外とおすすめなのが、飛行機からのオーロラ鑑賞です。海外旅行のときに夜の時間のフライトにうまく当たると、オーロラ・ウォッチングのチャンスが増えるので、ぜひ窓際の席を確保しましょう。

　飛行機では、高度1万ｍの上空で、地上の天候に左右させずオーロラを鑑賞することができます。シベリア上空やアラスカやカナダ上空など、北極圏に近い高緯度を夜間飛行する旅客機に搭乗する機会があれば、ぜひ北側の窓際に席を取りましょう。運がよければ、雲海の上に舞うオーロラを楽しむことができます。

コペンハーゲンからレイキャヴィークに向かうフライトで、機内から撮ったオーロラ。

フライト中、オーロラ・ウォッチングの邪魔になるのが機内照明です。消灯後であれば照明は減光されているか、あるいは消えているので問題ありません。オーロラを見るだけであれば両手を窓にかざしてのぞき見ればよいですが、カメラでオーロラを撮影するとなると、若干の工夫やコツが必要です。

機内の備え付け毛布や厚紙で作った写り込み防止グッズで成功率アップ。

まず、機内照明の写り込みを防ぐかのがポイント。窓全体を何かで覆わなくてはいけません。機内の備品で使えるものとしては毛布があります。カメラを構えながら毛布を被り、光が漏れて入ってこないようにします。その状態でガラス面にカメラを水平に押し当て、シャッターを切りましょう。

そして、あると便利なのが、片面を遮光シートなどで黒くした厚紙の中心に、使用するレンズ先端部の直径と同じ穴を開けたボードです。黒くした面を外側に向けて窓枠にあるサンシェードの溝にはめ込み、足りない部分はシェードを下げるなどしてガラス面を完全に覆ってしまえば撮影の準備完了です。あとは中心の穴にレンズを密着させてシャッターを切ります。機内からのオーロラ撮影をねらっているのであれば、作って持参することをおすすめします。

機内からのオーロラ撮影を成功させるためのコツは、水平飛行時で気流が静かで機体が安定しているときをねらうこと。そして露出時間を1〜2秒以内に抑えることです。カメラは高感度でも低ノイズの一眼レフデジカメ、レンズは開放F値1.4（できればF2）以上の明るいレンズがよく、ISO感度は高感度（できれば6400や12800）にし、レンズの絞りは開放が原則です。あとは、オーロラの明るさに合わせて露出を変えながら撮り、適切と思われる設定で撮りましょう。

そして、もっとも大切なこと。それは周りの人への気遣いです。周りの人は就寝している場合が多いので、サイレントモードの設定にし、液晶モニターの明るさにも配慮します。くれぐれも寝ている人に迷惑をかけないよう充分な注意を払いましょう。

オーロラと
思いがけない現象

　アラスカのフェアバンクスの北50kmほどに、ポーカーフラットというロケット発射場があります。オーロラの活動が活発になると年に数回、オーロラに向けて観測用機器を積んだロケットが打ち上げられます。

　ブレークアップ後のにぎやかさが残るオーロラの輝きとともに奇妙な光跡をとらえた下の写真は、NASAの観測用小型ロケットによって高度100km付近に作られた人工発光雲の軌跡です。この人工発光雲は、ロケットを使って高度80～140kmの領域にトリメチルアルミニウムという物質を大気中に放出し、酸素に触れさせて燃焼、白色に発光させたものです。

　トリメチルアルミニウムが放出されて、輝きながら広がっていく様子は、得体の知れない生物が空を飛んでいるようにも見えます。この発光雲が見えていたのはわずか10分程度でした。このようにオーロラ・ウォッチングの最中に起きた特別なことを見逃さないように、オーロラも含めて、周りを注意深く見ておきましょう。

第4章
オーロラ鑑賞地ガイド

同じオーロラ帯に属していても、

見る場所によって見え方やイメージはがらりと変わります。

ここではおすすめのオーロラ鑑賞地をピックアップしましたので

オーロラ・ウォッチングの計画の参考にしてください。

アラスカ　Alaska (USA)

Access　日本からのアクセス

　2018 年 1 月現在、日本からアラスカへの定期直行便はない。もっともスタンダードなルートは日本からアメリカ西海岸の都市へ飛び、そこからアンカレジやフェアバンクスへ乗り継ぐ方法だ。比較的アクセスがよいのはデルタ航空でシアトル経由でフェアバンクスに入るルート。成田～シアトル間はデルタ航空のほか全日空などの便がある（所要約 9 時間 30 分～ 11 時間）。シアトル→アンカレジはアラスカ航空などで所要約 3 時間、シアトル→フェアバンクスは同じく所要約 4 時間。フライトによっては乗り継ぎに時間がかかる場合もある。

　なお、夏期と冬期はチャーター直行便があるが、航空券のみの購入はできない。

Traffic　州内の交通

　アラスカ航空の定期便がアンカレジを基点に主要な都市間を結んでいる。アンカレジ～フェアバンクス間は約 1 時間。ベテルス、コールドフットなど遠隔地へはおもに定期小型飛行機などを利用する。アラスカ鉄道がアンカレジ～フェアバンクス、アンカレジ～スワード、アンカレジ～ウィティアの 3 路線を運行している。冬期にはアンカレジ～フェアバンクス間は減便されるので、事前に確認を。長距離バスがアンカレジとフェアバンクスを起点に運行している。

Stay　宿泊について

　アラスカの宿泊施設には、高級ホテルからモーテル、B&B（ベッド＆ブレックファースト）、ロッジまで、さまざまなタイプがある。空港や市内の観光案内所には各宿泊施設のパンフレットが置かれているが、ピーク時は非常に混み合う場合もあるので、事前に日本から予約を入れたほうがよい。とくにオーロラ鑑賞にも適した郊外のロッジはいずれも部屋数が少なく人気のため、予約はなるべく早めに。予約時には空港からの送迎についても確認を。全体的に宿泊料金は高めだが、冬期のオフシーズンには割引料金を設定しているところも多い。

フェアバンクスの気候

	8 月	9 月	10 月	11 月	12 月	1 月	2 月	3 月	4 月
平均最低気温 (℃)	8.4	2.3	－ 7.7	－ 20.9	－ 26.0	－ 28.1	－ 25.8	－ 18.7	－ 6.4
平均最高気温 (℃)	19.1	12.7	0.0	－ 11.7	－ 16.8	－ 18.7	－ 13.8	－ 4.6	5.0
平均降水量 (mm)	49.8	24.1	22.9	20.3	21.6	11.9	10.2	9.4	8.1
日の出時刻	4:31	6:08	7:39	9:20	10:36	10:16	8:42	7:03	5:08
日の入り時刻	21:19	19:24	17:35	15:53	14:58	15:48	17:31	19:00	20:38

日の出・日の入り時刻は毎月 15 日のデータ

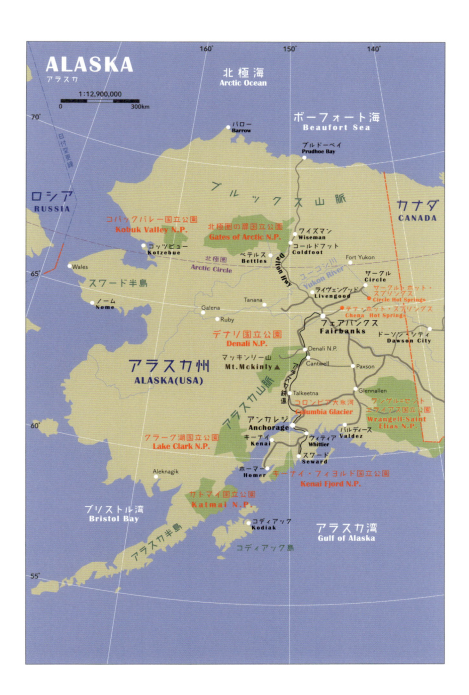

ALASKA
アラスカ

1:12,900,000
0　　　　300km

北　極　海
Arctic Ocean

バロー
Barrow

ブルドーベイ
Prudhoe Bay

ボーフォート海
Beaufort Sea

日付変更線

ロシア
RUSSIA

ブ　ル　ッ　ク　ス　山　脈

カナダ
CANADA

コバックバレー国立公園
Kobuk Valley N.P.

北極圏の景国立公園
Gates of Arctic N.P.

ワイズマン
Wiseman

コールドフット
Coldfoot

コッツビュー
Kotzebue

北極圏
Arctic Circle

ベテルス
Bettles

Fort Yukon

Wales

スワード半島

ユーゴン川
Yukon River

サークル
Circle

ノーム
Nome

Tanana

ライヴェングッド
Livengood

サークル・ホット・
スプリングス
Circle Hot Springs

Galena

テナ・ホット・スプリングス
Chena Hot Springs

Ruby

フェアバンクス
Fairbanks

ドーソン・シティ
Dawson City

デナリ国立公園
Denali N.P.

Denali N.P.

アラスカ州
ALASKA(USA)

マッキンリー山
Mt.Mckinly ▲

Cantwell

Paxson

アラスカ山脈

鉄道

Talkeetna

Glennallen

コロンビア大氷河
Columbia Glacier

ラングル=セント
ライアス国立公園
Wrangell-Saint
Elias N.P.

クラーク湖国立公園
Lake Clark N.P.

アンカレジ
Anchorage

キーナイ
Kenai

ホイッティア
Whittier

バルディーズ
Valdez

Aleknagik

ホーマー
Homer

スワード
Seward

キーナイ・フィヨルド国立公園
Kenai Fjord N.P.

ブリストル湾
Bristol Bay

カトマイ国立公園
Katmai N.P.

コディアック
Kodiak

アラスカ湾
Gulf of Alaska

アラスカ半島

コディアック島

フェアバンクス Fairbanks

　アラスカ州第2の都市フェアバンクスは人口約10万人。統計的にオーロラがもっともよく見られるオーロラ帯に位置し、毎年多くの観光客が訪れるオーロラ鑑賞のベースタウンだ。地理的には南にアラスカ山脈、北にはブルックス山脈がそびえ、海洋からの湿った大気を遮る。そのため内陸部のフェアバンクスは乾燥した気候となり、アラスカのなかではもっとも晴天率がよいとされている。町は20世紀初頭のゴールドラッシュにより急発展を遂げ、現在は内陸の交通と経済の中心都市「ゴールデン・ハート・シティ」として重要な役割を担っている。町の中心を東西に流れるチナ川を挟んで東側は鉄道駅やホテルなどが位置し、レストランなどが集まるダウンタウン、アラスカ大学博物館などの見どころは西側や郊外に点在している。

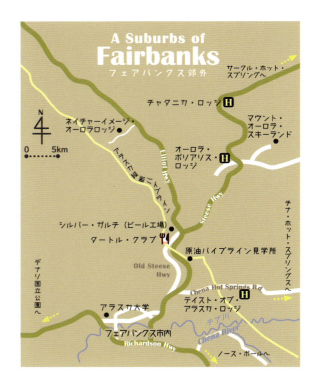

ホテルやツアーなどの観光情報は、ダウンタウンにあるビジターセンターで入手できる。

ウォッチング・アドバイス

フェアバンクスは町の規模が大きく、全体的に明かりが多い。明るいオーロラであれば町中からでも充分鑑賞できるが、少しでもチャンスを増やしたいなら、より暗く鑑賞に適した場所へ移動したほうがベター。それには市内に宿を取って郊外の鑑賞スポットへ出かけるガイドツアーに参加するか、郊外のロッジに滞在してオーロラの出現を待つ方法がある。

ガイドツアーには日帰りや宿泊タイプ、日本語ガイド付き、アクティビティと組み合わせたものなど、さまざまなタイプがある。

フェアバンクス郊外の鑑賞スポット

●マウント・オーロラ・スキーランド　Mt.Aurora Skiland
市内から北東へ車で約 45 分、鑑賞ガイドツアーの定番スポット。視界のよいスキー場のゲレンデ頂上にあるスキーロッジでオーロラの出現を待つ。グループツアーの利用が多く、シーズン中は混み合う場合もある。
http://www.skiland.org

●オーロラ・ボリアリス・ロッジ　Aurora Borealis Lodge
市の北東約 32 km の丘の上にある日本人夫妻がオーナーのログハウス。オーロラ鑑賞のために北向きに設けられた大きな窓を通して、暖かい室内からでもオーロラが楽しめる。北側に窓を設けた宿泊用ロッジもオープンした。人気があるので宿泊の予約は早めに。　http://auroracabin.com/?lang=ja

●ネイチャーイメージ・オーロラロッジ　Nature Image Aurora Lodge
市の北 40km、広大な土地を切り拓いたオリジナルサイト。現地在住・日本人写真家のガイドで少人数制での静かな鑑賞ができる。東西南北計 15 枚の窓を備えた暖かいロッジの中からも鑑賞可能。ツアーはたっぷり朝まで滞在でき仮眠室も完備。撮影教室もある。　http://www.natureimage-alaska.com

●ノーザン・スカイ・ロッジ　Northern Sky Lodge
市内から西へ車で30分、南側に開けた丘の上に建つ手造りログハウス。オーナーは犬ぞりのマッシャーで、犬ぞりで行くオーロラ・キャンピングなどユニークなプログラムも行なっている。
http://box5141.temp.domains/~northhe8/

●シャンダラー牧場　Chandalar Ranch
市内の北東約30km、チナ温泉に向かう途中にあり、シャンダラー・ロッジの北側に広がる放牧地は格好の鑑賞スポット。個人旅行者向きの宿。送迎サービスあり（有料）。
http://www.chandalarranchalaska.com

チナ・ホット・スプリングス　Chena Hot Springs Resort

　フェアバンクスから東に約100km、チナ・ホット・スプリングス・ロードの終点にあるアラスカ屈指の温泉リゾート。宿泊施設のある「チナ・ホット・スプリングス・リゾート」の敷地内には、北米最大級の露天温泉や屋内スパ＆プール、マッサージ・キャビン、レストランのあるメインロッジなどが点在している。　https://chenahotsprings.com

ウォッチング・アドバイス

　チナ・ホット・スプリングス・リゾートでは敷地内からオーロラを見ることも可能。暖かいアクティビティ・センター内で待機し、オーロラが出現したら北向きのドアから飛行場の滑走路上に出て鑑賞できる。また雪が積もると、オープンスカイの山頂へキャタピラ雪上車で出かけるツアーもある。宿泊客にはフェアバンクスから送迎あり（有料・要予約）。車で約1時間20分。

ダルトンハイウェイ沿い　Dalton Highway

　ダルトンハイウェイはフェアバンクスから北西に延びるエリオットハイ

ウェイのライブングッド付近を起点に、北極海沿岸の油田基地であるプルドーベイまでのおよそ 660km の区間を指す。アラスカ内陸と北極圏を南北に縦断する唯一の陸路であり、言わずと知れた米国最北のハイウェイだ。

　全行程の半分以上が未舗装で、見通しの悪いカーブや急こう配も多く、積雪期には雪崩も頻発するブルックス山脈の峠に加え、その北に広がるツンドラ地帯では視界ゼロの地吹雪もめずらしくないことなどから、"北米でもっとも過酷なハイウェイ"といわれている。しかし、景観の変化がダイナミックであることは、写真の被写体となり得るロケーションも変化に富んでいることを意味している。

　なお、このダルトンハイウェイの華といえば、昼夜休まずに油田へ物資をピストン輸送する大型トラックだ。過酷なダルトンを疾走するトラックドライバーたちは、テレビドキュメントのシリーズにも取り上げられ、命知らずのぶっちぎり野郎として一目置かれる存在である。ダルトンハイウェイはその性格上、トラック優先の道路であるため、一般車に関しては、大型車両の運行の妨げになるような運転や駐車を極力避けるようにしよう。

休憩する大型トラックを前景にブレークアップを撮影した。ダルトンハイウェイならではの光景

117

ユーコン・クロッシング　Yukon Crossing

　ダルトンハイウェイの約90km地点。アラスカでユーコン川にかかる唯一の橋がある。

●ユーコン・リバー・キャンプ　Yukon River Camp
フェアバンクスから北に向かうと、ユーコン川にかかる橋を越えてすぐ左側にある平屋の宿。橋に煌々と灯る明かりが周囲をオレンジ色に照らし、オーロラ観測にはいささか明る過ぎるかもしれないが、ここをベースにハイウェイを移動するという場合には便利。給油と食事は6時〜22時まで。
http://www.yukonrivercamp.com

コールドフット　Coldfoot

　かつてはコユクック川沿いに起こったゴールドラッシュで栄えた場所だが、

日没後しばらくしてコールドフットのドライブに出現したオーロラ

ゴールドラッシュの衰退とともに集落は絶えた。コールドフットが再び脚光を浴びるのは1970年代に原油パイプラインの建設が始まってから。パイプライン完成以降は、北極海沿岸の油田であるプルドーベイとフェアバンクスの中間地点としての地の利を生かし、油田へさまざまな物資を運搬するトラックドライバーたちの憩いの場として利用されてきた歴史を持っている。なお、ユーコン・クロッシングやユーコン川は個人ではなかなか訪れにくいところなので、現地のツアー会社に手配を頼むのがおすすめ。

●ノーザン・アラスカ・ツアー・カンパニー：http://www.northernalaska.com

●コールドフット・キャンプ　Coldfoot Camp
ダルトンハイウェイの約280km地点にある宿。コールドフット・キャンプへはフェアバンクス発のツアーもある。また、コールドフット・キャンプ発のオプショナルツアーもある。詳細はホームページを。
温かい食事は5時〜22時まで。給油は24時間可。
http://www.coldfootcamp.com/

ワイズマン　Wiseman

　ダルトンハイウェイ約302km地点のコユクック川にかかる橋を越えたたもとに、左に入るワイズマンへの道がある。ここはコールドフット同様に、ゴールドラッシュで栄えた村で、現在でも数家族が暮らしている。当時外輪船がやってきたという船着き場近くにあったトレーディングポストをはじめ、現在は使われていない郵便局などの建築物も残る。いずれも家族経営による宿の部屋数は限られているので、早めの予約が必要である。

●ボリアル・ロッジング　Boreal Lodging
キッチン付きの自炊型宿泊施設。2棟あるキャビンタイプはキッチンとシャワーを備え、4部屋を備えた長屋タイプは共同キッチンと、共同シャワーとなる。　http://www.boreallodge.com/

ワイズマンに降り注ぐオーロラを村外れから見上げる。ブルックス山脈のシルエットが雄大なスケールを醸し出していた

●アークティック・ゲットアウェイ B&B　Arctic Getaway B&B
朝食付だが、ディナーは自炊となる。ログキャビンは2棟あり、いずれもキッチンとシャワーを備える。1棟は2組が利用できる構造となっており、キッチンは独立しているがシャワーが共同となる。
http://www.arcticgetaway.com/

その他の鑑賞エリア
ベテルス　Bettles

　フェアバンクスから小型飛行機で約1時間。北米最北のブルックス山脈の南麓、北極圏（北緯66度33分以北）に位置するベテルス村は、北極圏の扉国立公園へのゲートウエイだ。宿泊施設の「ベテルス・ロッジ」はアラスカ歴史建造物に指定されており、フェアバンクスからの宿泊パッケージツアー（フライトとロッジ宿泊代込み）を催行している。ロッジ前にあるオープンスカイの飛行場はオーロラ鑑賞には最適だ。
http://bettleslodge.com/new/

凍った川面にオーロラの光が反射して、幻想的な風景が広がっていた

カナダ　Canada

日本からのアクセス

　日本からイエローナイフなどオーロラ鑑賞のベースとなる都市への直行便はない。もっとも一般的なのは日本からカナダのバンクーバーへ飛び、各都市へ乗り継ぐ方法。成田空港〜バンクーバーはエア・カナダと日本航空が、羽田空港〜バンクーバーは全日空が、関西国際空港・中部国際空港〜バンクーバーはエア・カナダが直行便を運航している。所要約9時間〜9時間30分（2018年1月現在）。

Traffic　国内の交通

　エア・カナダが主要都市間を結んでいる。バンクーバーからのおもなルートと所要は、エドモントン約1時間30分、イエローナイフ約1時間30分、ホワイトホース約2時間30分、ウィニペグ約3時間。エドモントン〜イエローナイフはエア・カナダ、カナディアン・ノース、ファースト・エアが運航。所要約1時間30分。

　バンクーバー〜トロント間を走るVIA鉄道の大陸横断鉄道「カナディアン号」をはじめ、モントリオール〜ハリフォックス、ウインザー〜ケベック・シティなどの路線がある。VIA鉄道のチケットは駅窓口のほかインターネットで予約可。カナダのハイウェイはよく整備されており、最大手のグレイハウンド社をはじめ、多くの長距離バス会社が路線バスを運行している。西部のおもなルートはバンクーバー〜カルガリー／ジャスパー／バンフ、カルガリー〜エドモントン／バンフ、エドモントン〜ホワイトホース／ヘイ・リバーなど。チケットはバスターミナルで購入できる。全席自由席で予約は不要。

　車は右側走行で、道路表示は日本と同じkm。ほとんどの州でシートベルトの着用が義務付けられている。レンタカーを借りられるのは21歳以上で、クレジットカードが必要。国際運転免許証と日本の運転免許証の両方を携行したほうがよい。

Stay　宿泊について

　高級ホテルからモーテル、B&B、ロッジまでさまざまなタイプがある。市内の観光案内所で各宿泊施設の情報が入手できる。オーロラ鑑賞シーズンは混み合うので、事前に日本から予約を入れたほうがよい。

イエローナイフの気候

	8月	9月	10月	11月	12月	1月	2月	3月	4月
平均最低気温（℃）	10.3	3.8	− 4.4	− 17.7	− 27.7	− 30.9	− 28.1	− 23.3	− 11.0
平均最高気温（℃）	18.2	10.3	1.0	− 9.9	− 19.7	− 22.7	− 18.6	− 11.2	0.4
平均降水量（mm）	40.9	32.9	35.0	23.5	16.3	14.1	12.9	13.4	10.8
日の出時刻	4:32	13:26	7:16	8:43	9:48	9:34	8:16	6:47	5:04
日の入り時刻	20:50	19:07	17:29	16:00	15:18	16:00	17:28	18:47	20:13

日の出・日の入り時刻は毎月15日のデータ

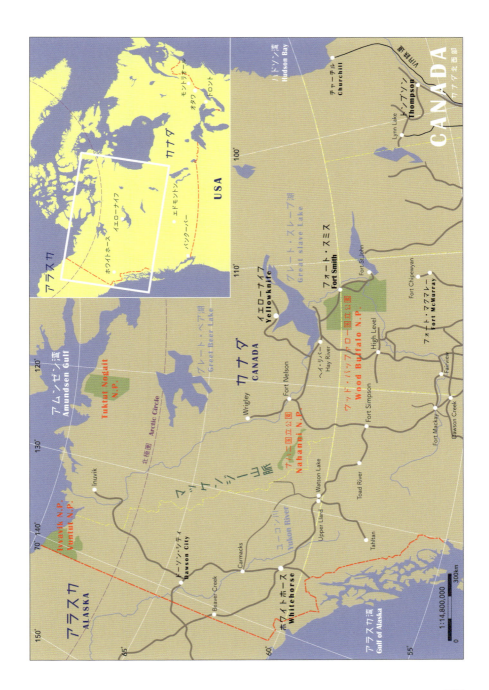

イエローナイフ　Yellowknife

　ノースウエスト準州の州都で人口は約 1 万 9000 人。世界で 10 番目に大きいグレート・スレーブ湖の畔に広がる町だ。日本からのオーロラ鑑賞ツアーは 30 年以上も前にここから始まった。オーロラ帯に位置し、平原なので天候が安定していて晴天率も高い。

　イエローナイフが極北地方最大の町に発展を遂げたのは、1930 年代のゴールドラッシュ以降。1991 年には北米最大規模のダイヤモンド鉱床も発見された。町は新興住宅地のニュータウン、高層ビルが建ち並ぶダウンタウン、永久凍土の上に築かれたオールドタウンからなり、ダウンタウンのフランクリン・アベニュー沿いにホテルやショッピングモール、レストランなどが集中している。

ウォッチング・アドバイス

　明るいオーロラであれば町中からでも見られるが、できれば人工光の届かない場所まで移動したほうがよい。もっとも手軽なのは現地のツアー会社が催行する鑑賞ツアーに参加する方法。ツアーの老舗タウンだけに受け入れ態勢は万全で、町から車で 20 〜 40 分走った条件のよい場所に各社が設備の整った観測施設を所有している。日本人ガイドも多く、言葉の心配も不要。

　シーズン中（11 月〜 4 月）は多くの旅行者で混み合うので、予約はなるべく早めに。またツアーから町へもどったあとでも鑑賞を続けたいなら、街明かりの少ないオールドタウンの B&B などに宿泊するとよい。

ホワイトホース　Whitehorse

　ユーコン準州の州都で人口は約 2 万 5000 人。バンクーバーから飛行機でダイレクトにアクセスでき（約 2 時間 30 分）、イエローナイフほど気温が低くないため人気が高まっている。山岳地帯にあり気象条件は平原ほど安定していないが、山並みにかかるオーロラなど変化に富んだ雄大な景色が楽しめる。

凍った湖の上でオーロラを眺める。寒いが視界は抜群

大きく渦を巻くオーロラが現われた。地上もオーロラの光で浮かび上がる

ホワイトホースはイエローナイフにくらべて暖かいので、寒いのが苦手な方におすすめ

　もっともユニークな鑑賞スポットの一つが、郊外にあるタキーニ温泉。露天風呂にのんびりと浸かりながらオーロラが鑑賞できる（水着要着用）。オーロラ写真の撮影に専念したいという人には郊外のロッジ滞在がおすすめ。町から車で30分も走れば湖畔に建つ豪華なリゾート・ロッジで鑑賞ができる。

フォート・マクマレー　Fort McMurray

　アルバータ州北部のフォート・マクマレーは世界最大の石油埋蔵量を誇る油田の町で、人口は約67000人。最近はオーロラ鑑賞地としても知られ、日本からのツアーも催行されている。エドモントンから飛行機で約2時間。

ウォッチング・アドバイス

　町中はホテルなどの人工光が多いため、より美しいオーロラを鑑賞したいなら町明かりが届かない郊外へ移動しよう。ガイドツアーに参加してのオーロラ鑑賞がおすすめ。

ドーソン・シティ　Dawson City

　ホワイトホースから飛行機で約1時間10分。約100年前のクロンダイク金鉱の発見によって誕生した町。ダウンタウンには当時の町並みがそのまま残されている。ツアーに参加すればユーコン川での砂金探しが体験できる。

ウォッチング・アドバイス

　町中はホテルやレストランなどの人工光が多いため、より暗いスポットを探して鑑賞しよう。アラスカに続く山々やユーコン川が見渡せる「ミッドナイト・ドーム」の小高い丘から見るオーロラは格別。

チャーチル　Churchill

　ウィニペグから飛行機で約2時間30分。マニトバ州の北部、ハドソン湾の畔にある人口900人ほどの小さな町。周辺にはツンドラの大地が広がり、カンブリア紀の黒い岩がゴロゴロと点在している。冬には雪と氷で白一色の世界になる。またウィニペグやトンプソンからVIA鉄道の夜行列車でのアクセスも可能で、運がよければ車窓からオーロラが楽しめる。

ウォッチング・アドバイス

　町から車で約20分、かつて気象観測に使われていた「オーロラ・ドーム」での観測が人気。屋根に付いたガラスの半球の中には8人程度まで座れるベンチがあり、外に出ることなくオーロラが観測できる。またハドソン湾沿いのロッジでの観測というプランもある。

フォート・スミス　Fort Smith

　エドモントンから飛行機で約2時間。アルバータ州とノースウエスト準州の境にある町。人口約2500人の大半はデネ族をはじめとする先住民だ。隣接するウッド・バッファロー国立公園はカナダ最大の自然公園で世界遺産にも登録されている。おもな鑑賞スポットは町から車で約20分のウッド・バッファロー国立公園内のキャビンなど。

フィンランド　Finland

Access 日本からのアクセス

　フィンランド航空と日本航空が成田国際空港と関西国際空港、中部国際空港、福岡空港からヘルシンキまでの直行便を運航している。所要時間は最短で約9時間30分。また、スカンジナビア航空のコペンハーゲン直行便を利用して、ヘルシンキへ乗り継ぐこともできる。ヘルシンキからロヴァニエミ、イヴァロ、キッティラなどは、いずれもフィンランド航空の国内線で同日乗り継ぎが可能（2018年1月現在）。

Traffic 国内の交通

　ヘルシンキと各主要都市をフィンランド航空などが結んでいる。ヘルシンキからのおもなルートと所要時間は、ロヴァニエミ約1時間20分、イヴァロ約1時間40分、キッティラ約1時間30分、ケミ約1時間15分、クーサモ約1時間20分。フィンランド鉄道の路線は南・中部が中心で、北部には少ない。ヘルシンキ～ロヴァニエミは夜行寝台列車の「サンタクロース・エキスプレス」（約12時間）が、ヘルシンキ～コラリ（約13時間）は同「オーロラ・エキスプレス」が運行している。国内を鉄道で回るなら、フィン・レイルパスの利用が便利。

　全土に多くの長距離バス路線が整備されており、鉄道路線の少ない北部では重要な足となる。おもなルートは、ヘルシンキ～ロヴァニエミ約13時間30分（夜行便）、ロヴァニエミ～サーリセルカ約4時間、ロヴァニエミ～ユッラス約3時間、ロヴァニエミ～レヴィ約2時間など。沿岸都市を結ぶフェリー航路や観光クルーズなど多くの航路がある。ヘルシンキとスウェーデンのストックホルムなどを結ぶ国際航路は、バイキングラインなどが運航している（所要約10時間）。

Stay 北部の宿泊について

　高級リゾートホテルから隠れ家的なログ・コテージまで、さまざまなタイプの宿泊施設がある。冬期には北部のスキーリゾートはどこも混み合うため、希望のホテルやコテージがあれば早めに予約をした方がよい。冬期料金は夏期平日よりも高め。

ロヴァニエミの気候

	8月	9月	10月	11月	12月	1月	2月	3月	4月
平均最低気温（℃）	8.6	3.8	− 2.0	− 8.7	− 13.3	− 15.1	− 14.1	− 9.4	− 4.5
平均最高気温（℃）	16.1	10.0	2.6	− 3.5	− 6.9	− 8.5	− 8.1	− 2.8	2.7
平均降水量（mm）	71.7	54.0	54.6	48.6	41.7	42.1	33.6	35.6	30.9
日の出時刻	3:46	5:33	7:11	9:04	10:12	10:09	8:21	6:33	4:31
日の入り時刻	20:53	18:49	16:52	14:58	14:13	14:44	16:42	18:19	20:05

日の出・日の入り時刻は毎月15日のデータ

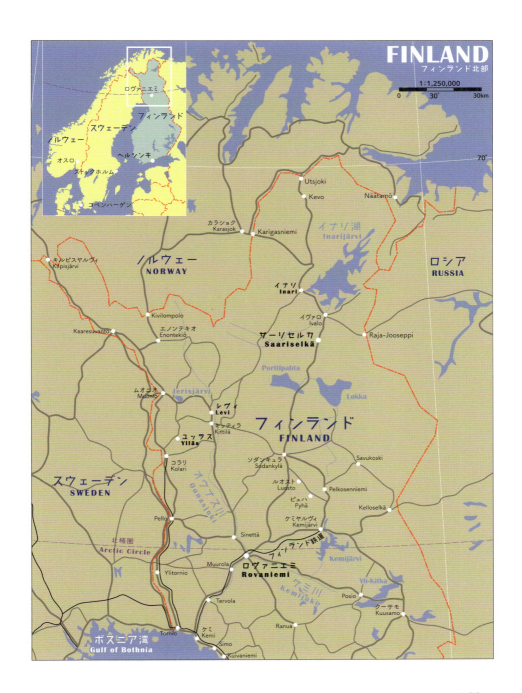

FINLAND
フィンランド北部

1:1,250,000

0　　　　30°　　　30km

ロヴァニエミ
フィンランド
スウェーデン
ノルウェー
ヘルシンキ
オスロ
ストックホルム
コペンハーゲン

70°

Utsjoki
Kevo
Näätamö

カラショク
Karasjok
Karigasniemi

イナリ湖
Inarijärvi

ロシア
RUSSIA

キルピスヤルヴィ
Kilpisjärvi

ノルウェー
NORWAY

イナリ
Inari

Kivilompolo

イヴァロ
Ivalo

エノンテキオ
Enontekiö

サーリセルカ
Saariselkä

Raja-Jooseppi

Kaaresuvanto

Porttipahta

Lokka

ムオニオ
Muonio

Jerisjärvi

レヴィ
Levi

キッティラ
Kittilä

フィンランド
FINLAND

ユッラス
Ylläs

コラリ
Kolari

ソダンキュラ
Sodankylä

Savukoski

スウェーデン
SWEDEN

オウナス川
Ounasjoki

ルオスト
Luosto

Pelkosenniemi

ピュハ
Pyhä

Kelloselkä

Pello

ケミヤルヴィ
Kemijärvi

Sinettä

フィンランド鉄道

Kemijärvi

北極圏
Arctic Circle

Muurola

ロヴァニエミ
Rovaniemi

ケミ川
Kemijoki

Yli-Kitka

Ylitornio

Posio

クーサモ
Kuusamo

Tervola

Ranua

ボスニア湾
Gulf of Bothnia

Tornio

ケミ
Kemi

Simo

Kuivaniemi

ロヴァニエミ　Rovaniemi

　北極圏境界線の南約 8km に位置する町で、人口約 5 万 8000 人。フィンランドの最北部、ラップランド地方へのゲートウエイ、行政・産業の中心地でもある。この町に多くの旅行者が訪れる理由の一つは、町の北東約 8km、北極圏の境界上にあるサンタクロース村。

ウォッチング・アドバイス

　ロヴァニエミはオーロラ鑑賞ツアーのベースタウン。町中は人工光が多いため、より美しいオーロラとの遭遇チャンスを求めるなら郊外に宿を取るか、オーロラバスツアー「moimoi（モイモイ）号」など市内発のガイドツアーに参加するのが一般的だ。

サーリセルカ　Saariselkä

　フィンランド最北の人気リゾート。ラップランドの先住民サーメの文化に出会える町。冬季にはスキーやクロスカントリー、トナカイ・犬ぞりサファリなど、アクティビティも充実。高級スパ・ホテルから隠れ家的なログ・コテージまで宿泊スタイルもいろいろ。

ウォッチング・アドバイス

　町中は歩いて回っても 30 分ほどの規模だが、大型ホテルやショップが多く明るいため、それらから少し離れて、より暗いスポットを探して鑑賞しよう。よりよい条件で鑑賞チャンスを広げたいなら、近郊のイナリなどへ出かけるガイドツアーを利用するか、郊外のホテルに宿泊するのもよい。

イナリ　Inari

　イナリは、ラップランド・イヴァロ空港から 30 分ほどの距離。ラップランド最大の湖イナリ湖畔の小さな町で、ラップランドの先住民サーミの中心地だ。サーミは豊かな文化遺産を持ち、独特な世界観とともに暮らしている。イナリ湖周辺には、こぢんまりとしたホテルも多く、ゆっくりオーロラ・ウォッチングが楽しめるエリアとして人気。

ユッラス　Ylläs

　ユッラスは海抜718mのユッラス山を中心に、北西部に広がるアカスロンポロと南東部のユッラスヤルビの2つのリゾート・エリアからなる。小高い丘と湖に囲まれた大自然の中に国内最大級のスキー場があり、ウインタースポーツが堪能できる。街明かりも少ない。オーロラ鑑賞の穴場的スポットといえる。

ウォッチング・アドバイス

　アカスロンポロ村はアカスロンポロ湖の周囲にホテルやレストランなどが点在している。それらの人工灯から少し離れて、暗いスポットを探して鑑賞しよう。また湖の南側には北向きに視界が開けたポイントがいくつかある。

レヴィ　Levi

　フィンランドの人気No.1スキーリゾート。国内最大級のスキー場には国内外から多くのスキーヤーが訪れる。町の中心部は歩いて回れる規模だが、ホテル周辺などは人工光が多い。そこから少し離れてより暗いスポットを探すか、町明かりが届かない郊外へ移動した方がチャンスが広がる。オーロラだけでなくスキーリゾートの雰囲気も楽しみたいという人におすすめ。

ルオスト　Luosto ／ピュハ　Pyhä

　ロヴァニエミの北約110km、アメジスト（紫水晶）の産地として知られるルオストは、森の中にひっそりとたたずむリゾート村。小さな町だが人工光が少ないぶんオーロラ鑑賞向き。ルオストから約25km南東にあるピュハは、"聖なる丘"ピュハ・トゥントゥリにある人気のスキーリゾート。丘上からは北向きに大きく視界が開けており、オーロラ鑑賞だけでなくラップランドの大パノラマも楽しめる。

ムオニオ　Muonio

　ラップランド北西部、スウェーデンと国境を接する通年リゾート。中心部にある「キエラ・ネイチャー・センター」では、プラネタリウムや3D映像のネイチャープログラムが楽しめる。近郊のハリニヴァに大型リゾートがオープンし、オーロラ鑑賞スポットとしても注目されている。

スウェーデン　Sweden
ノルウェー　Norwey

　2018 年 1 月現在、日本から両国への定期直行便はない。もっとも便利なのはデンマークのコペンハーゲンを経由して各地へ乗り継ぐ方法。成田〜コペンハーゲンはスカンジナビア航空の直行便が毎日運航している（所要約 11 時間 30 分）。またフィンランド航空のヘルシンキ直行便を利用して、オスロやストックホルムへ乗り継ぐことも可能。各オーロラ鑑賞地へは、コペンハーゲン→ストックホルム→キールナ、コペンハーゲン→オスロ→トロムソと乗り継ぐのが一般的。

Traffic　国内の交通

　スカンジナビア航空などがストックホルム、オスロを起点に主要都市間を結んでいる。おもなルートと所要時間はストックホルム〜ベルゲン約 1 時間 50 分、キールナ約 1 時間 30 分、イエリヴァーレ約 2 時間、オスロ〜トロムソ 1 時間 50 分。

　スウェーデンはスウェーデン国鉄と私鉄の路線がある。特急列車 SJ2000 や急行列車 Inter City などがストックホルム〜ヨーテボリなどの主要路線を運行している。全国ネットのバス会社とローカル会社が全土をカバーしている。

　ノルウェーはノルウェー国鉄の路線が中南部を網羅。とくにフィヨルドをぬうように走るオスロ〜ベルゲン間は風光明媚。各主要都市間を長距離バスの路線が結んでいる。便利なノルウェー・バスのパスは、バスターミナルなどで購入可。

キールナ（スウェーデン）の気候

	8 月	9 月	10 月	11 月	12 月	1 月	2 月	3 月	4 月
平均最低気温（℃）	6.0	1.0	− 5.0	− 12.0	− 17.0	− 19.0	− 18.0	− 14.0	− 8.0
平均最高気温（℃）	14.0	8.0	2.0	− 5.0	− 8.0	− 10.0	− 8.0	− 4.0	1.0
平均降水量（mm）	74.0	49.0	47.0	42.0	34.0	30.0	25.0	26.0	27.0
日の出時刻	2:56	4:48	6:30	8:25	極夜	9:29	7:41	5:50	3:44
日の入り時刻	20:24	18:14	16:15	14:17	極夜	14:04	16:03	17:44	19:33

トロムソ（ノルウェー）の気候

	8 月	9 月	10 月	11 月	12 月	1 月	2 月	3 月	4 月
平均最低気温（℃）	7.8	4.4	0.7	− 3.0	− 5.4	− 6.5	− 6.5	− 5.1	− 2.2
平均最高気温（℃）	13.9	9.3	4.7	0.7	− 1.3	− 2.2	− 2.1	− 0.4	2.7
平均降水量（mm）	82.0	102.0	131.0	108.0	106.0	95.0	87.0	72.0	64.0
日の出時刻	2:50	4:57	6:51	9:11	極夜	極夜	8:08	6:04	3:45
日の入り時刻	20:43	18:19	16:07	13:45	極夜	極夜	15:49	17:43	19:46

日の出・日の入り時刻は毎月 15 日のデータ

SWEDEN/NORWAY
スウェーデン／ノルウェー北部
1:4,348,000
0
150km
トロムソ
キールナ
フィンランド
スウェーデン
ノルウェー
オスロ
ヘルシンキ
ストックホルム
コペンハーゲン
ノルウェー海
Norwegian Sea
ノールカップ
Nordkapp
ホニングスヴォーグ
Honningsvag
ハンメルフェスト
Hammerfest
Lakselv
70°
アルタ
Alta
トロムソ
Tromsø
Sorkjosen
カラショク
Karasjok
ノルウェー
NORWAY
Olsborg
Kautokeino
Andselv
ハシュタ
Harstad
Sortland
ロフォーテン諸島
Lofoten
ビヨルクリーデン
Björkliden
ナルヴィク
Narvik
Karesuando
フィンランド
FINLAND
アビスコ
Abisko
トルネトレスク湖
Torneträsk
スヴォルヴァル
Svolvær
Sorvägan
バランゲン
Ballangen
スカンジナビア山脈
Muonio
ユッカスヤルヴィ
Jukkasjärvi
キールナ
Kiruna
Vittangi
ファウスケ
Fauske
ボードー
Bodø
スウェーデン
SWEDEN
Kolari
イエリヴァーレ
Gällivare
Pajala
Akkajaure
ドゥンドレット
Dundret
北極圏
Arctic Circle
ヨックモック
Jokkmokk
Lansjärv
ノルウェー鉄道
Moi Rana
スウェーデン鉄道
Mosjøen
Hornavan
ボーデン
Boden
ハパランダ
Haparanda
Rossvain
Storavan
ルーレオ
Luleå
Arvidsjaur
ボスニア湾
Gulf of Bothnia
Storuman
Storuman
20°

スウェーデン

キールナ　Kiruna

　スウェーデン北部の北極圏に位置するキールナは人口約2万3500人。鉱山の町としても知られる。スウェーデン王立宇宙物理学研究所は、日本など世界7カ国のオーロラ共同研究機関として有名。オーロラ鑑賞は条件のよい郊外へ出向いたほうがよい。ストックホルムから飛行機で約1時間30分。

アビスコ　Abisko

　キールナの北西約100km、アビスコ国立公園の中心に位置する人気のリゾート。氷河が作った美しい山岳風景でも知られる。その地理的条件から、スウェーデンの中でもっとも晴天率が高いといわれ、冬期には日本からのオーロラ鑑賞ツアーが多く訪れる。オーロラ・ウォッチングのベストポジションは視界の開けたトーネ湖畔。キールナから列車で約1時間、車で約1時間30分。標高約1000mのヌオーリア山頂「オーロラ・スカイ・ステーション」は視界が広く、オーロラ鑑賞に最適。

「オーロラ・スカイ・ステーション」

　オーロラ・スカイ・ステーションは、標高約1000mのヌオーリア山頂の施設で、チェアリフトで昇り、見通しのよい高台でオーロラ・ウォッチングを楽しめる。ただし、人数制限があるので事前にチケットの購入を。また近隣アビストオストラやビヨルクリーデンのホテルから、リフト乗り場までの送迎（有料）サービスがあるので、こちらも事前予約を。なおステーションの喫茶店は夜間も営業。営業は12月〜3月、営業時間は21時〜01時。
http://www.auroraskystation.se/en/

アビスコのトーネ湖上に出現したオーロラ

ドゥンドレット　Dundret

　鉄道駅のあるイエリヴァーレの町から南西に約3km、海抜820mのドゥンドレット山の中腹に広がる通年型リゾート。麓のイエリヴァーレの町並みが一望でき、冬期には人気のスキーリゾートとして多くのスキーヤーで賑わう。ストックホルム〜イエリヴァーレは飛行機で約2時間、列車で約16時間30分。

ユッカスヤルヴィ　Jukkasjärvi

　キールナの東約17km。古くから先住民サーメのマーケットが開かれてきた場所としても知られる小さな村だ。一番の人気スポットは、毎年12月上旬から作られる、ホテルの屋根や壁、調度品もすべて氷で作られた冬期限定の「アイス・ホテル」。ホテルの裏側はトーネ川（冬期は凍結）というロケーションで、オーロラ鑑賞にも適している。

ノルウェー

トロムソ　Tromsø

　人口約7万3500人、オーロラ帯に位置する北極圏でもっとも大きい町。古くから海洋交易の拠点として栄え、歴史ある落ち着いた町並みは「北のパリ」とも讃えられる。オーロラ研究で知られるトロムソ大学がある。メキシコ暖流の影響で、もっとも寒い2月でも平均気温は−4.0℃と高緯度のわりに比較的温暖だ。町の中心部は歩いて回れる規模だが、人工光が多いため、ホテル付近で見たい場合には中心部から少し離れた場所に宿泊するのも一案。

カラショク　Karasjok

　フィンランドとの国境に近い小さな町。ラップランドの先住民サーメの集落があることから、別名「サーメの首都」ともよばれる。オーロラ帯に位置しているが、内陸のため夏と冬の気温差が激しく、史上最低気温は−50℃以下を記録。フィンランドのオーロラ鑑賞地と組み合わせたツアーも催行されている。

アイスランド　Iceland

　日本からの直行便はなく、デンマークのコペンハーゲン（スカンジナビア航空）やフィンランドのヘルシンキ（フィンランド航空）を経由するのが一般的。あるいはロンドンやパリなどのヨーロッパの都市からアイスランド航空などが運行している。所要時間は最短で19～20時間ほど。

Traffic　国内の交通

　アイスランド航空がレイキャヴィークとアークレイリをハブに国内6路線を運航している。レイキャヴィーク～アークレイリは毎日3～5便、所要約45分。

　首都レイキャヴィークを発着するバス観光ツアーがある。日帰りのブルーラグーン訪問やオーロラツアーをはじめ、ゴールデンサークルをめぐる数日間のツアーからアイスランドを1周する10日間程度のツアーまでさまざまなものが催行されている。

　車は右側走行で、左ハンドル。運転には国際運転免許証とクレジットカードが必要。レイキャヴィークを外れると交通量は少なめで、リングロードとよばれるアイスランドを海岸沿いに周回する国道1号線はほとんどが舗装道路。ただし内陸部や地方都市を結ぶ道路は未舗装で、なかにはかなりハードな路面や水没路などがあり、レンタカーの保険対象外の道路も多く注意が必要。

レイキャヴィークの気候

	8月	9月	10月	11月	12月	1月	2月	3月	4月
平均最低気温 (℃)	10.3	7.4	4.4	1.1	− 0.2	− 0.5	− 0.4	− 0.5	2.9
平均最高気温 (℃)	7.9	5.0	2.2	− 1.3	− 2.8	− 3.0	− 2.1	− 2.0	0.4
平均降水量 (mm)	61.8	66.5	85.6	72.5	78.7	75.6	71.8	81.8	58.3
日の出時刻	21:46	19:56	18:10	16:31	15:36	16:24	18:03	19:30	21:02
日の入り時刻	5:16	6:48	8:15	9:52	11:09	10:51	9:21	7:45	5:55

日の出・日の入り時刻は毎月15日のデータ

レイキャヴィーク　Reykjavik

　島南西部に位置するアイスランドの首都で人口は約12万人。ケフラヴィーク国際空港から車で約40分。市南部に国内線が就航するレイキャヴィーク空港がある。町明かりがあるものの市内からでもオーロラ鑑賞ができる。ファクサ湾岸にあるモニュメント、サンボイジャーからは洋上のオーロラを楽しめるだろう。世界最大の露天温泉として名高いブルーラグーンもオーロラを気軽に楽しめる場所としておすすめ。レイキャヴィークから車で40分ほどで、シャトルバスのほか、日帰りツアーも催行されている。スヴァルスエインギ地熱発電所の明かりを避けてオーロラを鑑賞できる場所を選ぼう。

ゴールデンサークル　Gullni Hringurinn

　レイキャヴィークから車で1時間ほどとアクセスもよく、アイスランド観光の定番となっているスポット。間欠泉で知られるゲイシール、アイスランドの唯一の世界遺産となっているシンクヴェトリル国立公園、黄金の滝を

朝焼けの空に吹き上がる間欠泉、ゲイシール

滝裏からアイスランドの
広大な大地を望める、セ
リャランズフォス

意味するグトルフォスなど見どころが多く、夜間はオーロラを楽しむことも
できる。レイキャヴィークから日帰りのオーロラツアーも催行されている。

エイヤフィヤトラ氷河 Eyjafjallajokull

　アイスランドの南岸部に位置する氷河で、この氷河を水源とするスコゥガ
フォスやセリャランズフォスなどの瀑布はアイスランドの自然を代表する景
観で、オーロラとともに楽しむことができる。レイキャヴィークからは車で
約4時間。日帰りのツアーも催行されているが、オーロラ鑑賞が目的なら
宿泊がおすすめ。

世界最大の露天温泉、
ブルーラグーン

ヴァトナ氷河の舌端に広がる氷河湖とオーロラ

ヴァトナ氷河国立公園　Vatnajokull National Park

　アイスランドの南東部に位置するヨーロッパ最大の氷河、ヴァトナ氷河一帯を含む国立公園。レイキャヴィークからは車で約7時間。レイキャヴィークから1泊2日程度のツアーも催行されている。氷河舌から崩れ落ちた数多くのアイスバーグが浮かぶヨークルスアゥルロゥンと名付けられた氷河湖はアイスランドを象徴する絶景で、オーロラとともに楽しむことができる。

ミーヴァトン　Myvatn

　アイスランド北部に位置する火山湖で、ミーヴァトンは「蚊の湖」を意味し、巨大マリモや水鳥の生息地として知られる。天候不順地のアイスランドのなかでは晴天率が高く、オーロラ鑑賞のメッカとなっており、宿泊施設も多く存在する。アイスランド北部にあってレイキャヴィークに次ぐ第2の都市アークレイリから日帰りツアーが催行されているが、オーロラ鑑賞が目的なら宿泊がおすすめ。

ニュージーランド
New Zealand

Access　日本からのアクセス

　ニュージーランド航空と全日空の共同運航便が、オークランドへ直行便を運航している。所要時間は成田→オークランド約 10 時間 40 分、羽田→オークランド約 10 時間 35 分。また、季節運航で関西国際空港→オークランド直行便がある（約 11 時間）。カンタス航空やジェットスターでオーストラリアのシドニー、ブリスベンを経由して行くことも可能。アジア諸都市の経由便も多い（2018 年 1 月現在）。

Traffic　国内の交通

　ニュージーランド航空、ジェットスターなどが主要都市間を結んでいる。クライストチャーチ～クイーンズタウンは所要約 1 時間。オークランド～クイーンズタウンは約 1 時間 50 分。クライストチャーチ～インバーカーギルは約 1 時間 20 分。
　多数の長距離バスが主要都市間を結んでいる。クイーンズタウンへはクライストチャーチからの直行便で 8 ～ 10 時間 30 分。レイク・テカポへはクライストチャーチから約 3 時間 30 分、クイーンズタウンから約 4 時間。インバーカーギルへはクイーンズタウン、ティアナウ、ダニーデンなどから運行。またクライストチャーチ発の夜行バスは約 9 時間 30 分。いずれも混み合うので早めに予約を。
　車は日本と同じ左側通行・右ハンドル。日本の運転免許証と国際免許証の両方を携行した方がよい。レンタカーを借りられるのは 21 歳から（要クレジットカード）。現地の空港などでも借りられるが、日本から予約したほうがよい。路面状況はおおむね良好。

クイーンズタウン（ニュージーランド）の気候

	2 月	3 月	4 月	5 月	6 月	7 月	8 月	9 月	10 月
平均最低気温 (℃)	10.6	8.8	6.2	3.3	0.7	0.1	1.3	3.6	5.6
平均最高気温 (℃)	22.7	19.9	16.1	11.9	8.6	8.2	10.3	13.5	16.2
平均降水量 (mm)	58.0	80.0	75.0	89.0	82.0	65.0	73.0	69.0	95.0
日の出時刻	6:01	6:41	7:20	7:56	8:22	8:19	7:43	6:48	5:52
日の入り時刻	19:57	19:07	18:10	17:27	17:09	17:24	17:58	18:34	19:11

日の出・日の入り時刻は毎月 15 日のデータ

クイーンズタウン　Queenstown

　南島の高峰サザンアルプスのふもと、ワカティプ湖のほとりに広がる風光明媚な人気リゾート（人口約 1 万 4000 人）。夏はワカティプ湖でカヌーやパラセイリング、冬は近郊のスキー場でスキーにスノーボードと、多彩なアクティビティが楽しめる。

　南緯 45 度と高緯度に位置し、夏冬問わずオーロラに遭遇するチャンスがある。市内発のオーロラ鑑賞ツアーもあり。

テカポ湖　Lake Tekapo

　テカポは南島のほぼ中央に位置する人口約 400 人の町。南北 30 km にわたるテカポ湖の周辺はニュージーランドのなかでも晴天率が高く、空気が澄んでいることから天体観測の名所としても知られる。星空の世界遺産登録をユネスコに申請し、星空の街としても世界的に有名。近郊のマウントジョン天文台、ニュージーランド最大の MOA 望遠鏡（口径 1.8 m）などを訪れるツアーも人気だ。

ウォッチング・アドバイス

　湖の周辺がオーロラ撮影のポイント。南十字星や大小マゼラン星雲など、日本では見られない天体といっしょに写真におさめるチャンスもある。ただし最近は人気が出て大勢の人がここを訪れるようになった。できればマウントジョン天文台やコーワンズ天文台での星空観察ツアーに参加し、満天の星空とともにオーロラを楽しみたい。
アース＆スカイ　http://www.earthandsky.co.nz/ja/

インバーカーギル　Invercargill

　南島の最南端に位置する、人口約 5 万 1000 人のこぢんまりとした緑あふれる町。スコットランド人によって拓かれ、あちらこちらに石造りの堂々とした建物が残る。ここからさらに南のスチュワート島へ渡ってオーロラ鑑賞のチャンスを待つことも可能。

タスマニア(オーストラリア)
Tasmania

Access　日本からのアクセス

　日本からの直行便はなく、オーストラリアの都市を一度経由する。カンタス航空、ジェットスター、日本航空がケアンズ、ゴールドコースト、シドニーなどの都市に、全日空がシドニーに直行便を運航している（2018年1月現在）。

Traffic　国内の交通

　国土が広大なため、短時間で移動できる国内線利用はメリット大。オーロラ鑑賞地のホバート（タスマニア州）へは、メルボルンからカンタス航空、ジェットスター、オーストラリア航空などの直行便で所要約1時間。シドニー、ゴールドコースト、ブリスベン、アデレードからも便がある。

ホバート　Hobart

　オーストラリアの最南に位置するタスマニア州は全島の約4割が国立公園や自然保護区。その大半は世界遺産のタスマニア原生林という大自然に抱かれた島だ。その南東部にある州都ホバートは人口約22万人。ダーウェント川の河口に開けた美しい町で、オーストラリアではシドニーに次いで2番目に古い歴史を持つ。気候は温暖だが、北半球でいえば北海道とほぼ同じ緯度。オーロラ・ウォッチングは、できればより南のブルーニー島やポートアーサーなどの島の南部の町まで出かけたいところ。タスマニアは低緯度オーロラが見られるオーロラ鑑賞地として、今後注目のエリアだ。

ホバート（タスマニア）の気候

	2月	3月	4月	5月	6月	7月	8月	9月	10月
平均最低気温 (℃)	11.7	10.3	8.3	6.3	4.3	3.1	4.5	6.0	7.3
平均最高気温 (℃)	22.2	20.7	17.0	13.9	11.4	10.5	12.2	14.9	17.4
平均降水量 (mm)	39.4	42.9	47.6	4.31	49.7	49.0	46.3	47.5	55.5
日の出時刻	5:30	6:07	6:43	7:16	7:40	7:32	7:04	6:13	5:20
日の入り時刻	19:19	18:31	17:38	16:58	16:42	16:57	17:27	18:00	18:34

日の出・日の入り時刻は毎月15日のデータ

表紙	河内牧栄	キヤノンEOS 6 D　14mm F2.8（絞り開放）露出2.5秒　ISO6400　アラスカ・北極圏
p.4-5	榎本　司	キヤノンEOS 5 D Mark Ⅲ　14mm F2.8（絞り開放）露出8秒　ISO3200　アイスランド・スコゥガフォス
p.6-7	榎本　司	キヤノンEOS 6 D　14mm F2.8（絞り開放）露出2.5秒　ISO3200　アイスランド・ヴァトナヨークトル国立公園
p.8-9	榎本　司	キヤノンEO S 6 D　24mm F1.4（絞りF1.6）露出0.8秒　ISO12800　アラスカ・フェアバンクス
p.10-11	河内牧栄	キヤノンEOS 6 D　14mm F2.8（絞り開放）露出5秒　ISO3200　アラスカ・北極圏
p.12-13	河内牧栄	キヤノンEOS 6 D　14mm F2.8（絞り開放）露出20秒　ISO6400　アラスカ・フェアバンクス郊外
p.14	河内牧栄	キヤノンEOS 6 D　14mm F2.8（絞り開放）露出4秒　ISO3200　アラスカ・北極圏
p.17上	河内牧栄	キヤノンEOS 6 D　14mm F2.8（絞り開放）露出6秒　ISO3200　アラスカ・フェアバンクス郊外
p.17下	河内牧栄	キヤノンEOS 6 D　14mm F2.8（絞り開放）露出5秒　ISO3200　アラスカ・コールドフット
p.18	河内牧栄	キヤノンEOS 6 D　14mm F2.8（絞り開放）露出2.5秒　ISO6400　アラスカ・北極圏
p.19	河内牧栄	キヤノンEOS 6 D　14mm F2.8（絞り開放）露出15秒　ISO6400　アラスカ・フェアバンクス郊外
p.21	河内牧栄	ニコンD600　14mm　F2.8（絞り開放）露出10秒　ISO2500　アラスカ・フェアバンクス郊外
p.22上	河内牧栄	キヤノンEOS 6 D　14mm F2.8（絞り開放）露出2.5秒　ISO6400　アラスカ・フェアバンクス郊外
p.22下	河内牧栄	キヤノンEOS 6 D　14mm F2.8（絞り開放）露出2.5秒　ISO6400　アラスカ・フェアバンクス郊外
p.23上	河内牧栄	キヤノンEOS 6 D　14mm F2.8（絞り開放）露出5秒　ISO6400　アラスカ・北極圏
p.23下	片岡克規	キヤノンEOS 5 D Mark Ⅲ　24mm F1.4（絞りF2.0）露出3秒　ISO6400　アラスカ・フェアバンクス郊外
p.24-25各	片岡克規	キヤノンEOS 6 D　8mm F3.5（絞り開放）露出8秒　ISO6400　アラスカ・フェアバンクス
p.26	河内牧栄	キヤノンEOS 6 D　14mm F2.8（絞り開放）露出5秒　ISO3200　アラスカ・フェアバンクス郊外
p.27	河内牧栄	キヤノンEOS 6 D　14mm　F2.8（絞り開放）露出2.5秒　ISO6400　アラスカ・フェアバンクス郊外
p.37	牛山俊男	キヤノンEOS650　24mm F1.4（絞りF2）露出45秒　ポジフィルム　ISO400　＋1増感　山梨県・甘利山
p.40	河内牧栄	フジフイルム　S3 Pro　16mm F2.8（絞り開放）露出30秒　ISO400　アラスカ・フェアバンクス郊外
p.41	河内牧栄	キヤノンEOS 6 D　14mm F2.8（絞り開放）露出2.5秒　ISO3200　アラスカ・北極圏
p.43	河内牧栄	キヤノンEOS 6 D　14mm F2.8（絞り開放）露出6秒　ISO3200　アラスカ・フェアバンクス郊外
p.44	片岡克規	キヤノンEOS 6 D　8mm F3.5（絞り開放）露出8秒　ISO6400　アラスカ・フェアバンクス
p.49	河内牧栄	キヤノンEOS 6 D　14mm F2.8（絞り開放）露出6秒　ISO6400　アラスカ・フェアバンクス郊外
p.57	榎本　司	キヤノンEOS 5 D Mark Ⅱ　15mm F2.8フィッシュアイ（絞り開放）露出8秒　ISO6400　アラスカ・フェアバンクス
p.60	河内牧栄	キヤノンEOS 6 D　14mm F2.8（絞り開放）露出2秒　ISO6400　アラスカ・北極圏
p.68	片岡克規	キヤノンEOS 1 DMark Ⅳ　24mm F1.4（絞りF2.0）露出20秒　ISO6400　アラスカ・フェアバンクス
p.69上	片岡克規	キヤノンEOS 5 D Mark Ⅳ　24mm F1.4（絞りF2.0）露出2秒　ISO6400　スピッツベルゲン・バレンツブルグ
p.69下	牛山俊男	フジフイルムS2 Pro　17mm F2.8（絞り開放）露出3分　ISO800　星空ガイド撮影　ニュージーランド・南島・テカポ
P96-99各	榎本　司	キヤノンEOS 5 D Mark Ⅲ　15mm F4.0（絞り開放）露出2秒　ISO8000　アイスランド
p.103各	河内牧栄	ソニーα7 S Ⅱ　20mm F1.4（絞り開放）露出1/30秒　ISO51200　アラスカ・フェアバンクス郊外
p.104	河内牧栄	キヤノンEOS 6 D　14mm F2.8（絞り開放）露出8秒　ISO6400　アラスカ・フェアバンクス郊外
p.105	河内牧栄	キヤノンEOS 6 D　14mm F2.8（絞り開放）露出3.2秒　ISO1600　アラスカ・北極圏
p.106	河内牧栄	キヤノンEOS 6 D　14mm F2.8（絞り開放）露出2.5秒　ISO6400　アラスカ・北極圏
p.107	河内牧栄	キヤノンEOS 6 D　14mm F2.8（絞り開放）露出1.3秒　ISO3200　アラスカ・北極圏
p.108	榎本　司	キヤノンEOS 6 D　24mm F1.4（絞り開放）露出1.3秒　ISO3200　ノルウェー上空
p.110	河内牧栄	キヤノンEOS 6 D　14mm F2.8（絞り開放）露出1秒　ISO12800　アラスカ・フェアバンクス郊外
p.117	河内牧栄	キヤノンEOS 6 D　14mm F2.8（絞り開放）露出1.6秒　ISO6400　アラスカ・北極圏
p.118	河内牧栄	キヤノンEOS 6 D　14mm F2.8（絞り開放）露出5秒　ISO3200　アラスカ・コールドフット
p.120	河内牧栄	キヤノンEOS 6 D　14mm F2.8（絞り開放）露出4秒　ISO6400　アラスカ・北極圏
p.121	河内牧栄	キヤノンEOS 6 D　14mm F2.8（絞り開放）一部トリミング　露出2.5秒　ISO6400　アラスカ・北極圏
p.125上	牛山俊男	ニコンD700　14mm F2.8（絞り開放）露出2秒　ISO1600　カナダ・イエローナイフ
p.125下	牛山俊男	ニコンD700　14mm F2.8（絞り開放）露出10秒　ISO1800　カナダ・イエローナイフ
p.126	片岡克規	キヤノンEOS 20 D　24mm F1.4（絞りF2.8）露出16秒　ISO800　カナダ・ホワイトホース
p.134	牛山俊男	キヤノンEOS 5 D Mark Ⅲ　24mm F1.4（絞りF2.2）露出6秒　ISO4000　スウェーデン・アビスコ
p.139	榎本　司	キヤノンEOS 5 D Mark Ⅲ　24mm F1.4（絞りF3.5）露出15秒　ISO3200　アイスランド・ヴァトナヨークトル国立公園

143

赤祖父俊一 （あかそふ・しゅんいち）

1930年、長野県生まれ。東北大学理学部卒、アラスカ大学地球物理学研究所、アラスカ大学国際北極圏研究センター所長を経て、現在同大学名誉教授・名誉所長。オーロラ研究における世界的権威であり、最先端を行く第一人者。近年は地球温暖化論でも注目されている。英国王立天文学会チャップマン・メダル受賞をはじめ、アメリカ地球物理学会ジョン・フレミング賞の受賞など、国内外で数々の受賞経験を持ち、『オーロラへの招待─地球と太陽が演じるドラマ』（中公新書）、『オーロラ─その謎と魅力』（岩波新書）、『正しく知る地球温暖化』（誠文堂新光社）など著書も多数。

写　真	河内牧栄、牛山俊男、榎本 司、青柳敏史
執　筆	篠原 学、中野博子、河内牧栄、榎本 司
取材協力	アラスカ観光局、フェアバンクス観光局、ネイチャーイメージ、キヤノンマーケティングジャパン株式会社、株式会社ニコンイメージングジャパン、株式会社モンベル
デザイン	Kawabata Design Factory
編集協力	戸島璃葉
イラスト	和泉奈津子
組版・図版	プラスアルファ

いっしょう いち ど み ぜっけい たの かた
一生に一度は見たい絶景の楽しみ方
オーロラ・ウォッチングガイド　　NDC451.75

2018年1月30日　発 行

	あか そ ふ しゅんいち
監　修	赤祖父 俊一
発行者	小川雄一
発行所	株式会社 誠文堂新光社 〒113-0033　東京都文京区本郷 3-3-11 （編集）電話 03-5805-7761 （営業）電話 03-5800-5780 http://www.seibundo-shinkosha.net/
印刷所	株式会社 大熊整美堂
製本所	和光堂 株式会社

© 2018,Manabu Shinohara, Hiroko Nakano, Makiei Kawauchi, Tsukasa Enomoto, Toshio Ushiyama.
Printed in Japan
（本書掲載記事の無断転用を禁じます）　検印省略

ISBN978-4-416-61829-5